一学就会的时尚编绳技法 2

庞昭华 ✿ 著

哈尔滨出版社
HARBIN PUBLISHING HOUSE

作者的话

　　绳结最迷人之处，在于它可以使简单的线条呈现出各种造型，而多线绳结相组合，则更是千变万化。即便是最简单的绳结，经过双手重复地编织，也可以让你体会到时间的韵律。

　　此书的基础编法部分按照绳结演化规律编排，意在由简入繁，读者可以从中观察绳结自身的变化规律，从而拓展手绳的编法。实例部分精选四十七款手绳设计，演示了如何从最简单的红手绳，到加入各种颜色搭配和绳结变化，然后再利用各种配饰，编出风格多样的手绳。愿这本书能抛砖引玉，为各位读者创作手绳提供参考。

　　本书中有些手绳设计以前在微信公众号里发布过，更多的，是藏在我心里的各种奇幻想象，终于借此机会一一在手中实现，写在了纸上。读者若见到其他有趣的绳编作品，欢迎在我们的微信公众号"简结 KnotSoSimple"上留言讨论。

　　感谢所有支持我的人。

淘宝店铺二维码
（扫描关注淘宝店铺，一站式购买编绳材料）

微信公众号二维码
（扫描关注微信公众号，回复"视频"，即可视频跟学基础绳结）

目 录
CONTENTS

第一章 | 编绳前的准备

选择什么线材编绳…………………002

编绳需要用什么工具…………007

需要准备多少编线…………………008

编绳的步骤如何安排…………010

编一根手绳需要多少时间……015

第二章 | 各种各样的编法

延伸绳结…………………020

二股编…………………022

三股编…………………023

四股编…………………024

八股编（方编）…………025

八股编（圆编）…………026

八股编（包芯线）…………027

十股编…………………028

金刚结…………………029

金刚结（包芯线）…………030

金刚结（四线编）…………031

金刚结（六线编）…………033

平结（双向）…………035

平结（单向）…………036

平结（双线单旋）……………037

平结（双线双旋）……………039

平结（双线双向）……………041

玉琮结…………………………043

十字吉祥结（方编）…………045

十字吉祥结（圆编）…………047

复线玉米结……………………049

反线玉米结……………………052

雀头结…………………………054

桃花结…………………………055

斜卷结（左向）………………057

斜卷结（右向）………………058

绕线……………………………059

独立绳结………………………060

蛇结……………………………062

双钱结…………………………063

双钱环…………………………064

梅花结…………………………065

六边菠萝结……………………066

发簪结…………………………068

锦囊结…………………………069

双线纽扣结……………………070

单线纽扣结……………………071

双联结…………………………072

同心结…………………………073

曼陀罗花结……………………074

藻井结…………………………075

二耳酢浆草结…………………076

三耳酢浆草结…………………077

六耳团锦结……………………078

八耳实心团锦结………………079

二回盘长结……………………081

三回盘长结……………………083

吉祥结…………………………085

平结圈…………………………087

绕线圈…………………………089

第三章｜经典基础手绳

相思豆…………………092

相生…………………094

岁首…………………096

静安…………………099

锦里…………………101

路遥…………………103

梦回…………………106

宝通…………………109

莫愁…………………112

鸿竹…………………115

吉庆…………………118

玲珑…………………121

逢源…………………124

丰澄…………………127

碧桃…………………131

第四章｜清新简约手绳

莲生…………………136

寻梅…………………139

樱歌…………………141

紫薇…………………144

四月…………………147

简爱…………………150

暖山…………………154

森语…………………157

碧涧流泉…………………159

秋山志…………………162

旅行…………………165

第五章 | 复古文艺手绳

玄武·····················170

江南春·················173

银丝墨荷·············176

荼蘼·····················179

步步莲生·············182

转经轮·················185

秋夕·····················188

墨脱·····················191

梦羽·····················195

一叶菩提·············198

时光·····················202

第六章 | 个性现代手绳

花屿·····················206

日冕·····················208

夜城·····················211

素纹·····················213

长河落日·············216

极光·····················219

海月·····················222

暗涌·····················225

翡冷翠·················228

平安夜·················231

/ 第一章 /

编绳前的
准　备

选择什么线材编绳

编绳的线种类繁多，各有特点。市面上能找到的最常用的四种编绳线材有：中国结编织线、玉线、股线和蜡线。

初学编结时可以用粗一点的线，方便观察线的走向。熟练掌握绳结之后，就可以随意选用需要的线材了。线材不同，制作出来的手绳质感也不一样。灵活搭配运用不同线材，手绳可以呈现出丰富多彩的效果。

中国结编织线

中国结编织线含有棉和尼龙材质，线头可用小火加热烧粘。这种线带有丝质光泽，手感柔软，常用于编织中国结挂饰。但是如被锐物勾到，或者长期摩擦，容易出现起毛现象。手绳中一般会用到5、6、7号线，型号越大，线越细。这类线颜色很多，还有加金线和不加金线两种。

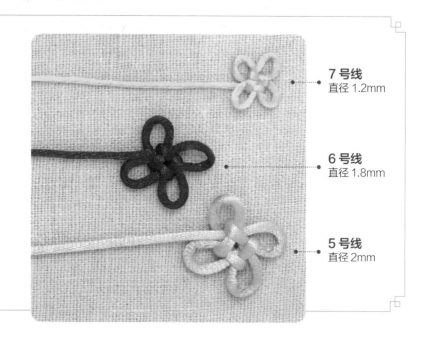

7 号线
直径 1.2mm

6 号线
直径 1.8mm

5 号线
直径 2mm

玉线

玉线材质为锦纶纱，线头可用小火加热烧粘。这种线织法紧密，不易磨损，在光照下呈现精细的质感。玉线编手绳常用型号是B线、A线、72号线、71号线。玉线常用于加工玉器配饰，也可在编制颈绳、手绳时使用。有些品牌为了标榜出品优良，也称之为珠宝线。玉线的颜色丰富，除了纯色的玉线之外，还有使用红、黄、白、青、黑五种颜色编织而成的五色玉线。佛家相传佩戴五色线可辟邪护身，因此手绳编织中也常用到五色线。

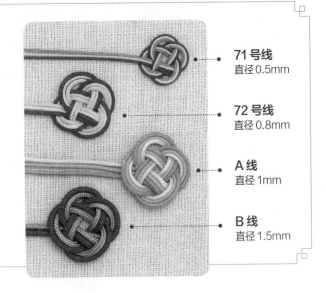

71 号线
直径 0.5mm

72 号线
直径 0.8mm

A 线
直径 1mm

B 线
直径 1.5mm

股线

股线材质为涤纶，纯色的多数呈现丝质光泽，也有金银色的股线，带有金属光泽。股线使用数股丝线搓拧成线，例如12股线即用12股丝线制作成一根线。股线的织法相对松散，线体柔软，线头容易散开。线头可用小火加热烧粘，但火烧后容易变黑。常用型号有12股线、9股线、6股线。股数越少，线越细。较粗股线可直接编手绳，特别细的股线常用于绕在其他线上，用以丰富颜色和增加线的强度，也可以制作绕线圈、流苏等配件作为装饰。

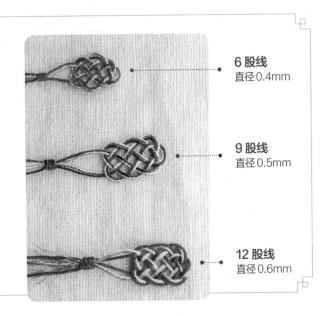

6 股线
直径 0.4mm

9 股线
直径 0.5mm

12 股线
直径 0.6mm

蜡线

蜡线一般以丝线为芯，外面浸泡一层蜡，手感硬挺，耐脏耐磨，防水性能好，退蜡之后有类似皮质光泽。目前流行的蜡线有南美蜡线、泰国蜡线、日本扁蜡、彩金蜡线等。蜡线颜色丰富，型号多样，直径 0.5mm、0.65mm、0.8mm、1mm 都有。蜡线一般应用在包石头等花样结绳饰品上，或者用细线编出繁复花纹风格。

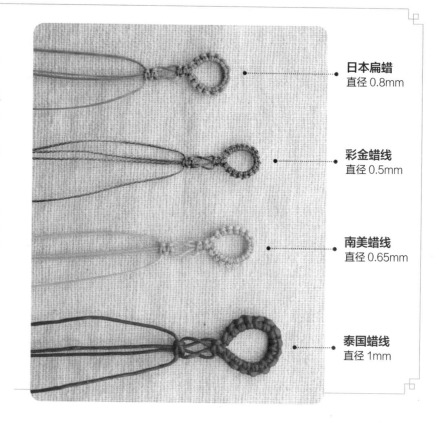

日本扁蜡
直径 0.8mm

彩金蜡线
直径 0.5mm

南美蜡线
直径 0.65mm

泰国蜡线
直径 1mm

这四款线材，各有特点，制作编绳前，应思考并决定何种线材才是最适合的。例如计划制作一根较粗的手绳（直径超过 6mm），可以考虑用较粗的线直接编，可以用粗线做芯线再包其他细线，也可以用细线采用复杂的编法构成粗的手绳。成品需要呈现什么样的色彩和光泽，哪一种线最为接近设计的想象效果，都需要仔细比较。如果打算混搭线材，最好预先把线放在一起比对，看看有没有不协调的地方。

常用编绳线特点比较

中国结编织线

光 泽 度： 丝质光泽
软 硬 度： 较软
尺寸范围： 5 号线直径 2mm、6 号线直径 1.8mm、
7 号线直径 1.2mm
颜色范围： 颜色丰富，明度较高

股线

光 泽 度： 纯色股线为丝质光泽，
金银股线有金属光泽
软 硬 度： 纯色股线较软，金银股线稍硬
尺寸范围： 12 股线直径 0.6mm、9 股线直径 0.5mm、
6 股线直径 0.4mm、3 股线直径 0.3mm
颜色范围： 颜色丰富，明度较高

玉线

光 泽 度： 哑光
软 硬 度： 较硬
尺寸范围： B 线直径 1.5mm、A 线直径 1mm、
72 号线直径 0.8mm、71 号线直径 0.5mm
颜色范围： 颜色丰富，多数颜色明度较高，
有少量明度低的颜色

蜡线

光 泽 度： 纯色蜡线有蜡质光泽，
彩金蜡线还会带有金属光泽
软 硬 度： 起初较硬，脱蜡后会软一些
尺寸范围： 直径 1mm、0.8mm、0.65mm、
0.5mm、0.2mm 都有
颜色范围： 颜色丰富，明度较低

这些编织线都可以用小火炙烤线头，防止线头松散，使得串珠更为方便。直径尺寸较粗的线，自然对于配饰的孔径要求比较苛刻，因此在编制有配饰的手绳时，编线能否穿过配饰，也是设计时需要考虑的重点。

那么，配饰和编绳线应该如何搭配？

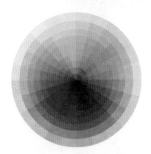

一般遵照这三个原则：一是配饰和编线颜色和谐；二是配饰和编线明度相近；三是配饰和编线的光泽度和谐。在色环里，配饰和编线各自的颜色位置不宜相距太远，这样编出来效果会协调统一。喜欢鲜明颜色对比的，也可以尝试使用色环里相差位置很远的颜色。180 度位置相对的两个颜色为补色组合，相隔 120 度左右位置的颜色，可以组成强烈色配合。

无论选取什么颜色组合，编绳前都应试着用编线和配饰比对，穿过配饰看看效果后再做决定。

常见的编绳配饰特点比较

金属类
- **细 分 类 别：** 金银珠子、连接扣、延长链、吊坠等
- **总 体 特 点：** 富有现代感，标准化程度高，孔径较大，
  较容易穿线，需要使用尖嘴钳辅助，长时
  间暴露在空气或湿润环境中容易变色
- **常搭配线材：** 中国结编织线、玉线、股线、蜡线

天然矿石类
- **细 分 类 别：** 玉石、玛瑙、玉髓、水晶、松石、
  石榴石、橄榄石等
- **总 体 特 点：** 圆润可爱，成色或有参差，有染色假冒的可能性，
  孔径较小，色泽持久，不易受腐蚀
- **常搭配线材：** 玉线、股线、蜡线

有机生物类
- **细 分 类 别：** 牛骨、椰壳、木刻、化石等
- **总 体 特 点：** 大小形状不一，易有瑕疵，不耐磨，
  孔径若小可用扩孔针把小孔磨大
- **常搭配线材：** 玉线、蜡线

人造类
- **细 分 类 别：** 玻璃、琉璃、陶瓷、滴胶、景泰蓝等
- **总 体 特 点：** 色彩丰富，有手工痕迹，成色难以统一，
  孔径适中，有些材料易碎
- **常搭配线材：** 中国结编织线、玉线、股线、蜡线

　　比较之后我们不难发现，由于孔径的限制，如果在编绳过程中需要串珠，编绳线的直径在 1mm 以内会比较容易操作。因此玉线、股线和蜡线会比中国结编织线用得更多一些。

编绳需要用什么工具

编绳这门手工艺术，使用的基本工具就三样：剪刀、皮尺和打火机。剪刀用来剪线，皮尺用来量尺寸，打火机用来烧线头收口。当我们做一些较为复杂的编绳时，才需要其他特别的工具。

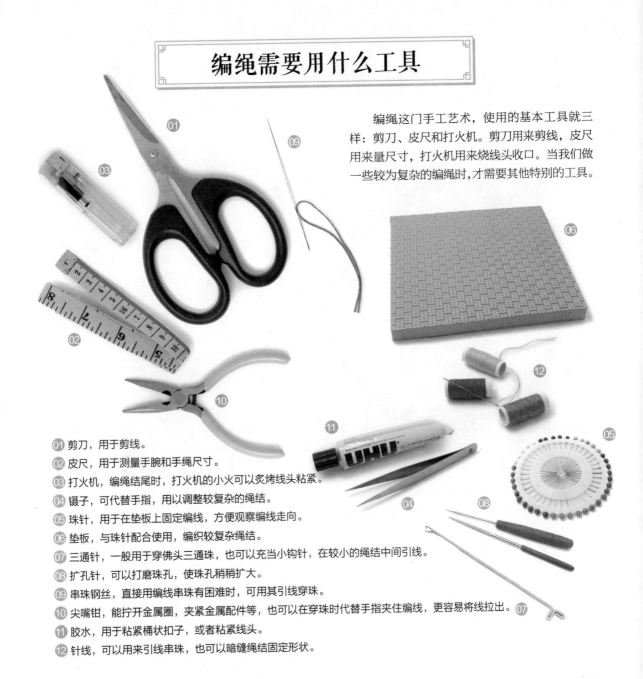

01 剪刀，用于剪线。

02 皮尺，用于测量手腕和手绳尺寸。

03 打火机，编绳结尾时，打火机的小火可以炙烤线头粘紧。

04 镊子，可代替手指，用以调整较复杂的绳结。

05 珠针，用于在垫板上固定编线，方便观察编线走向。

06 垫板，与珠针配合使用，编织较复杂绳结。

07 三通针，一般用于穿佛头三通珠，也可以充当小钩针，在较小的绳结中间引线。

08 扩孔针，可以打磨珠孔，使珠孔稍稍扩大。

09 串珠钢丝，直接用编线串珠有困难时，可用其引线穿珠。

10 尖嘴钳，能拧开金属圈，夹紧金属配件等，也可以在穿珠时代替手指夹住编线，更容易将线拉出。

11 胶水，用于粘紧桶状扣子，或者粘紧线头。

12 针线，可以用来引线串珠，也可以暗缝绳结固定形状。

需要准备多少编线

1cm

1cm

准备编绳前，先要确定手绳的最终尺寸。一般而言，整条手绳的尺寸应比手腕净尺寸多 1cm，而扣子部分通常也会占据 1cm 左右长度。如果手绳直径较粗，则要适当比手腕尺寸多 1.5cm 到 2cm。编绳前需要量好手腕尺寸，然后计算手绳各部分长度。以一般对称的手绳样式为例：

首先要量出手腕的净尺寸。

然后量出中间配饰的长度。扣子的部分，不计入绳结长度。

每段绳结的长度等于手腕净尺寸减去中间配饰长度然后除以二。

例如手腕尺寸为 14cm，那么，每段金刚结的长度 =（手腕净尺寸 14cm– 中间配饰长度 1cm）/2=6.5cm 如果手绳只用一种基本编法，我们可以比较容易估算编线的使用量，只要按照比例计算就可以了。

用 1m 长的 A 玉线编，一般能编 7cm 的金刚结。因此在上图的例子中，要编两段 6.5cm 的金刚结，最少用线量是 2m，考虑到还要编扣子部分，则要适当增加 0.5m，这样一来，准备 2.5m 的线就足够了。

常用的 A 玉线（直径 1mm），用 1m 长度，以不同的编法，能做出多长的绳子呢？请参考下图。

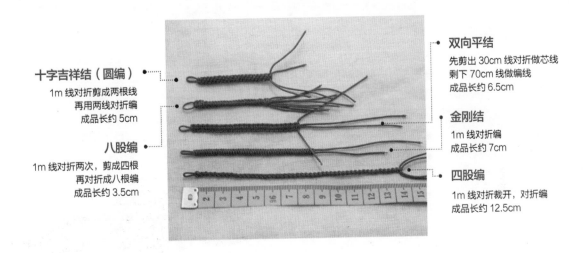

十字吉祥结（圆编）
1m 线对折剪成两根线
再用两线对折编
成品长约 5cm

八股编
1m 线对折两次，剪成四根
再对折成八根编
成品长约 3.5cm

双向平结
先剪出 30cm 线对折做芯线
剩下 70cm 线做编线
成品长约 6.5cm

金刚结
1m 线对折编
成品长约 7cm

四股编
1m 线对折裁开，对折编
成品长约 12.5cm

　　假如这些基本编法中间加了比较粗的芯线，耗线量大概会增加一半。在准备编线的时候，可以先按比例估算需要多少编线，然后加上 0.5m，这样基本可以避免结尾编线不够的情况了。每次编绳前，可以记录用线量，编完后看看剩下多少线，这样下一次用类似的编法就可以更合理地估算编线用量了。

　　编复杂一些的手绳时，用到的编法可能不止一两种。有些编法需要两根编线，有些需要四根甚至更多。准备编线时，需从用线最多的编法开始考虑，手绳中间需要变化编法的地方，要考虑编线数量是否有变化，少了要如何加进去，多了要如何藏起来。这些问题都考虑清楚，才能知道绳结之间能不能流畅地组合在一起。

　　例如想利用桃花结来模仿春天的油菜花，除了选好线的颜色之外，还要思考，桃花结的部分需要两根黄色编线做花，两根芯线，这四根线在桃花结的两端，该用什么绳结，才能继续把手环部分编完？最简单的解决办法也许是用包芯线金刚结，把两根黄线藏起来就行了。按照这样的编法来制作一根 15cm 的手绳的话，绿线从头到尾基本上充当了包芯线金刚结的作用，金刚结的耗线量大概是 1m 线能编 7cm 的绳，由于绿线是包芯线编法，2m 线可能编不到 14cm 的绳，然而中间绿线有一段是充当桃花结的芯线，会比金刚结耗线略少，用 2m 的线其实应该也是够的。为了保证线量足够，结尾时不至编结困难（假如只剩下一点点线，最后结尾无论编什么结都会很难操作），绿线预计的用量是 2.5m。而黄线主要充当手环部分的芯线长度约为 15cm×2=30cm，中间桃花结部分也很短，拉紧之后线的长度估计只占用量的 20cm 左右，因此黄线预计的用量是 1m。

编绳的步骤如何安排

确定好编线之后，我们需要安排编线在手绳中的走向。从中间开始编还是从手绳的一端开始编？手绳用什么方式结尾？这两个问题都会影响编绳步骤的安排。如果手绳涉及串珠等配饰，则首先要考虑珠子孔能穿过多少根编线，再决定用什么编法和结尾方式。

从中间开始往两端编的手绳，一般是由于遇到以下情况：

1. 珠子孔径小，只够穿两根细编线，需要在珠子两端加入别的线继续编织。

2. 中间编了一个较为复杂的绳结后，剪开了对称的两个耳翼，从而两端各多出了两根编线。

▼ 这款手绳中间的珠子没办法穿四根编线，于是先穿两根线，再往珠子两旁夹入新的编线，这样珠子两边就可以编四股编了。

▲ 这款手绳里的吉祥结，左右两个耳翼通过雀头结加入新线作为芯线，并且剪开了吉祥结的上端，上端的耳翼变成两根编线，分别往左右弯折，和下方的两根编线一起构成手环的四根编线，吉祥结就成为手绳中间的装饰结。

这样编织出来的手绳，中间装饰物两端的手环部分可以方便对齐长度，结尾的方式可以选用金属连接扣，或者利用余下的编线做活扣。

若确定手绳从中间向两端编，编绳的步骤一般这样安排：选择合适的绳结或者串珠，从编线中间开始→两端编结，固定中间部分→选用合适的延伸绳结，分别向两端编手环部分→两端编结固定绳尾→制作延长绳和活扣。

　　手绳的活扣方式一般有两种：平结编活扣和平结圈做活扣。

平结编活扣的做法示例

01.把延长绳双向重合，下方放一根线。

02.包裹延长绳开始编双向平结第一步。

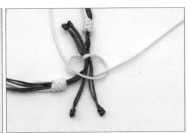

03.包裹延长绳继续编双向平结第二步。

04.拉紧左右线，做好一个双向平结。

05.包裹延长绳编双向平结，至少做三个。

06.测试活扣松紧是否合适，最后剪掉多余的线，用打火机烧粘线头。

平结圈做活扣方法示例

01.手绳编至两端足够长，固定好绳尾。

02.两边均只留两根线。

03.另一边两根线做一段二段编作为延长绳。

04.另取两根约20cm的线做平结圈，五色线绕成圈，黄线包裹五色线重叠的部分做双向平结的第一步。

05.黄线继续包裹五色线重叠的部分做双向平结的第二步。

06.拉紧黄线做好一个双向平结，注意双向平结的芯线是两根五色线。

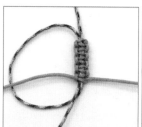

07.重复之前步骤，再编四个平结。

08.把五色线圈先套在延长绳上，再收紧线圈，把平结部分弯成圈状。

09.剪去平结圈多余的线，用打火机烧熔线头粘紧。

10.移动延长绳可以调节扣圈大小，套上扣子后也可以通过移动平结圈，调节手绳的长度。

从手绳一端开始编的手绳，一般符合以下的情况：

1. 单一编法，只要开头预留了扣圈，接下来就是重复的一种编法，编到结尾，余下的编线做纽扣结，或者穿一个尺寸合适的珠子即可。

2. 几种编法混合，但编线的数量不变，或者可以通过绳结把多余的编线藏起来，或者中途可以增加编线。

◀这款手绳利用连续编织的雀头结，构成圆圈的弧形，用包芯线金刚结固定，因为整根手绳都重复这一个圆圈的结构，所以从一端开始编到结尾就可以了。

▶这款手绳运用了八股编、四股编和金刚结的技法，从编线最多的八股编开始，编完一圈后用包芯线金刚结固定绳尾，再把余下的八根编线分组编，四根线做四股编，四根线做包芯线金刚结，这样可以把所有编线都利用到手绳结尾，形成三圈不同编法的手绳。

用这种方式制作手绳，通常做成固定扣的形式。制作时须预先计算好每段绳线占据的长度。

若确定从手绳一端开始编，编绳的步骤一般这样安排：选择合适的扣圈形式，从一端开始制作扣圈→扣圈固定后，用延伸性绳结编平环部分→编到合适长度时更换绳结编法→手绳编到合适长度时固定绳尾→制作结尾扣子部分。

扣圈有多种编制方式，常用的有以下几种：

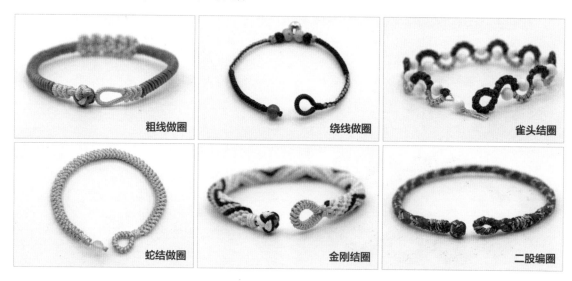

粗线做圈

绕线做圈

雀头结圈

蛇结做圈

金刚结圈

二股编圈

结尾扣子的形式也花样繁多，常见的有以下几种：

珠子做扣子

平结圈活扣

粗线做扣子

细线双线纽扣做扣子

细线单线纽扣做扣子

金属扣延长链

编一根手绳需要多少时间

　　编一根手绳需要一个小时以上的时间。现代人的时间碎片化，能够安静坐下来，专注做一件事情，其实是一种放松的体验。全身心投入手编，看着手中绳子渐渐变成自己想要的样子，抬头一看原来两个小时已经过去，时间已然融入了刚编好的手绳里。我不知道谁能了解这种美妙时光，但我相信会有越来越多的人，懂得珍惜这种时光，也珍惜各种手工作品。

　　编一根手绳，最好是一气呵成。如果准备工作不足，编织过程中就会出现各种问题需要解决，不仅耽误时间，也会影响心情，过于烦躁往往会导致编绳半途而废。

　　和大家分享几个编绳要诀，愿大家都能享受编绳的乐趣！

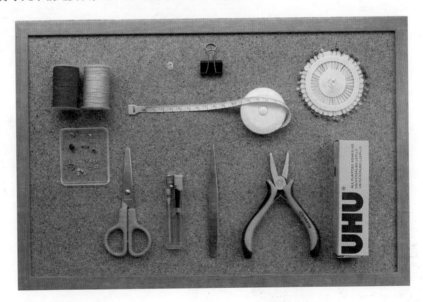

一、预算宽松，工具齐备

　　编绳之前，先检查自己手头的材料和工具是否齐全，免得在编的过程中停下来寻找。编绳前预计的线量应该稍微多一些，因为对于新手而言，编绳时可能扯得不是很紧，这样线量的损耗较大，可能编到最后，才发现没有达到别人提供的编线长度。长时间编绳后还差一点线没法结尾，这种感觉非常糟糕，补救后的效果也不一定好，所以从一开始就放宽预算，是最好的办法。

二、先练基础，再做成品

　　编绳有很多技法，有时候一根手绳包含好几种编法。尽量不要学到哪儿编到哪儿，编绳不是描红，依葫芦画瓢并不能保证编出来的东西能够一模一样。每一种技法都需要磨炼，手练得多，绳结才会均匀好看。编错得多，头脑才会更多地思考线的走向，最后真正理解绳结自身的结构，设计手绳时才能游刃有余。

　　编绳前必须确认自己对于编绳的技法都完全掌握，并且事先设计好编绳步骤，这样编绳的过程才会比较顺畅。熟练掌握一些基础技法有助于节省编绳时间。

利用串珠钢丝穿珠

01.剪一段钢丝对折，夹入一段要穿的线。
02.串珠钢丝穿过珠子。
03.串珠钢丝拖拽着线穿过珠子。
04.完全穿好后，打开钢丝，把线取出即可。
（如果手头没有串珠钢丝，可以用家用的针线代替钢丝。）

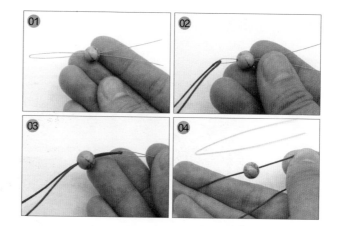

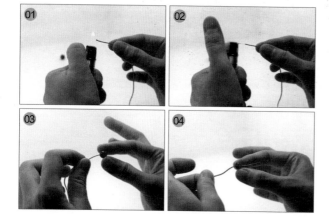

利用打火机穿珠

01.用打火机的火焰炙烤玉线线头。
02.把烧熔的线头粘在打火机铁片上，轻轻往外拉出细丝。（有的人直接用手捏成需要的粗细，但这比较容易烫伤，务必先考虑自己手指皮肤的耐热能力再尝试。）
03.用烧硬的线穿过珠子。
04.穿好珠子。（线刚穿过珠子时，可能只有一点点，可用尖嘴钳辅助，夹住线头用力拔出。珠子孔实在太小时，可以用扩孔针轻轻打磨洞口，然后再穿线。）

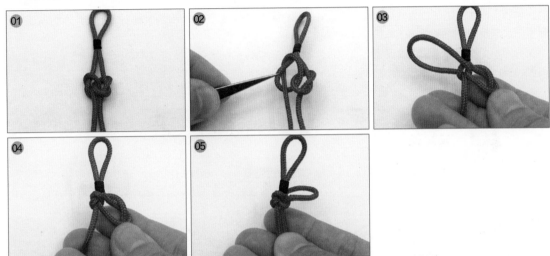

调整
绳结位置

把一部分的线移到结体的另一边去，需要耐心找到线的走向，一点一点调整。以同心结调整为例：

01.先编好一个同心结，不要拉紧。
02.找到需要缩短的那段绳，用镊子拔松。
03.把多余的绳全部移到同心结左半部分里。
04.沿着线在同心结里的走向，把多余的线移动到结的下方。
05.用同样的方法，把右边线也收紧。
06.最后整理同心结的形状即可。

手绳
结尾

一般用绳结收尾的手绳，都要用到打火机烧粘线头。用剪刀剪去多余的线，预留两三毫米的线头，用打火机小火炙烤至熔化，趁热把熔化的线头压向打火机出火处的铁片，把熔化部分压平并且粘在绳结上。

有些用金属配件收尾的手绳，则会用到胶水或者尖嘴钳，需要提前准备好。

三、集中精力，一次编完

　　尽量选择自己比较有空的时间段，一次把手绳编完。如果觉得过程有点无聊，可以放点音乐。实在没办法腾出整段时间编绳的话，最好将半成品放入密封袋，防尘、防水、防配件氧化。同一段时间编的绳子，往往花纹整齐统一，放下一阵再接着编，总会有点不一样。对于新手而言，尤其是编四股或八股，接着编的时候还会出现手绳扭转的情况，或者压根就编不回原来的样子了。解决的办法只能是拆掉一点，再琢磨哪里出了问题，才能继续编好。

　　选择一个悠闲的下午，放点轻松的音乐，做好这些编绳前的准备，就可以带着这本小书，好好在编绳的世界里，体验一番造物的快乐！

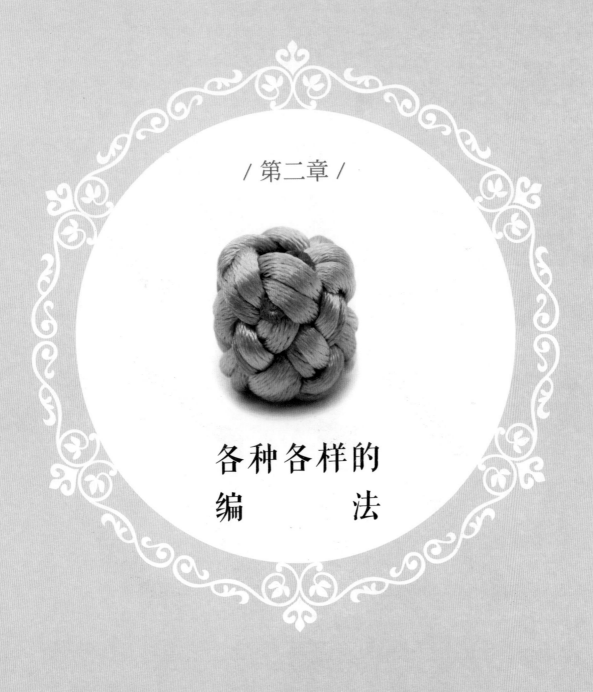

/ 第二章 /

各种各样的编法

延伸绳结

延伸绳结一般都是重复编结，不断延伸成条带状，常用于手绳的主体部分。

常用的延伸绳结编法

二股编 ▲ 22 页

三股编 ▲ 23 页

四股编 ▲ 24 页

八股编（方编） ▲ 25 页

八股编（圆编） ▲ 26 页

八股编（包芯线） ▲ 27 页

十股编 ▲ 28 页

金刚结 ▲ 29 页

金刚结（包芯线） ▲ 30 页

金刚结（四线编） ▲ 31 页

金刚结（六线编） ▲ 33 页

平结（双向）▲ 35 页　　平结（单向）▲ 36 页　　平结（双线单旋）▲ 37 页

平结（双线双旋）▲ 39 页　　平结（双线双向）▲ 41 页　　玉琮结 ▲ 43 页　　十字吉祥结（方编）▲ 45 页

十字吉祥结（圆编）▲ 47 页　　复线玉米结 ▲ 49 页　　反线玉米结 ▲ 52 页　　雀头结 ▲ 54 页

桃花结 ▲ 55 页　　斜卷结（左向）▲ 57 页　　斜卷结（右向）▲ 58 页　　绕线 ▲ 59 页

二股编

二股编利用两股线扭转的力量，使其拧紧成一根更结实的绳子，是最古老的一种编绳子的方法。

编法 A

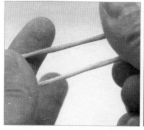

01.把线对折，左手按紧左端线圈，右手在约1cm处按住右端两根线。

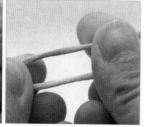

02.右手食指和拇指按着两根线同时往同一个方向搓。

03.放开左手，左端两根线自然互相缠绕成麻花状。

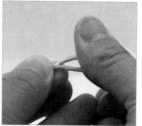

04.继续用左手按紧已经编好的部分，右手在约1cm处按着两根线继续搓。

05.放开左手，搓过的两根线会再次缠绕成麻花状。

06.重复以上步骤即可。

编法 B

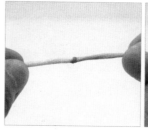

01.左右手捏住线的两端。

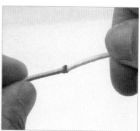

02.一手固定线的一端，一手往同一个方向搓线。

03.把搓过的线往中间弯折，线的两端自然扭在一起。

04.双手不能松开，一直捏着线的两端往同一个方向搓。

05.重复以上步骤即可。

你发现了吗?

编法 A 适合快速编制只有两根编线的二股编，编法 B 适合多根编线的二股编。编法 B 比编法 A 容易编得更紧密结实些。

三股编俗称麻花辫，简单大方。可以用两三根线作一股，这样编出的三股编更宽，纹理更精致。

01.在三根线上方打一个结固定。

02.最左边的黄线向右边弯折，夹在红线上方和粉线下方。

03.最左边的红线向右边弯折，放在粉线上方。

04.最右边的黄线向左边弯折，放在红线上方。现在左边有两根线，和开始编结时情况一样。

05.最左边的粉线向右边弯折，放在黄线上方。

06.最右边的红线向左边弯折，放在粉线上方。此时三根编线的排列和开始编结前一样。

07.只要是左边有两根线，就把最左边的线往右弯折，放在中间的线上方。

08.只要是右边有两根线，就把最右边的线往左弯折，放在中间的线上方。

09.如此重复编，就可以编出三色相间的花纹。

四股编

四股编由四面轮转的四根线编成，编出的绳子结实如链，四根线象征着人生喜怒哀乐四种交织的情感。

01.两根线对折，固定上方，下方四根线作为编线。

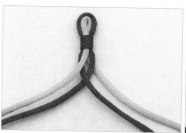

02.外侧红线往中间弯折，左红线在左黄线下方，右红线在右黄线上方，左红线放在右红线上方，构成一个交叉。

03.外侧黄线往中间弯折，左黄线在左红线上方，右黄线在右红线下方，左黄线放在右黄线下方，构成一个交叉。

04.如第二步，外侧红线往中间弯折，在中间构成一个交叉。

05.如第三步，外侧黄线往中间弯折，在中间构成一个交叉。

06.编的时候，注意要收紧之前编好的部分。

07.重复以上步骤，就做出四面轮转的四股编了。

八股编由八根线编成四面方形，常被称为"四面八股"，象征四平八稳、四方吉祥。

01.四根线对折，固定上方，下方八根线作为编线，左右四根线颜色对称分组。

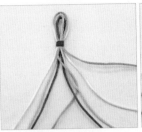

02.左边最外面的绿线往右弯折，包裹右边最靠中间的棕线和黄线，再折回左边。

03.右边最外面的绿线往左弯折，包裹左边最靠中间的棕线和绿线，再折回右边。

04.左边最外面的白线往右弯折，包裹右边最靠中间的棕线和绿线，再折回左边。

05.右边最外面的白线往左弯折，包裹左边最靠中间的绿线和白线，再折回右边。

06.左边最外面的黄线往右弯折，包裹右边最靠中间的绿线和白线，再折回左边。

07.右边最外面的黄线往左弯折，包裹左边最靠中间的白线和黄线，再折回右边。

08.左边最外面的棕线往右弯折，包裹右边最靠中间的白线和黄线，再折回左边。

09.右边最外面的棕线往左弯折，包裹左边最靠中间的黄线和棕线，再折回右边。

10.现在编线的排列和开始的时候一样，重复步骤02。

11.重复步骤03。

12.注意每次编时拉紧编线，即可编出方形八股编。

01.四根线对折，固定上方，下方八根线作为编线，左右四根线颜色对称分组。

02.左边最外面的绿线往右弯折，包裹右边四根线中间的两条，即白线和黄线，再折回到左边。

03.右边最外面的绿线往左弯折，包裹左边四根线中间的两条，即黄线和棕线，再折回到右边。

04.左边最外面的白线往右弯折，包裹右边四根线中间的两条，即黄线和棕线，再折回到左边。

05.右边最外面的白线往左弯折，包裹左边四根线中间的两条，即棕线和绿线，再折回到右边。

06.左边最外面的黄线往右弯折，包裹右边四根线中间的两条，即棕线和绿线，再折回到左边。

07.右边最外面的黄线往左弯折，包裹左边四根线中间的两条，即绿线和白线，再折回到右边。

08.左边最外面的棕线往右弯折，包裹右边四根线中间的两条，即绿线和白线，再折回到左边。

09.右边最外面的棕线往左弯折，包裹左边四根线中间的两条，即白线和黄线，再折回到右边。

10.现在编线的排列和开始的时候一样，注意每次编时拉紧编线和每一次编完保持线的排列顺序。

11.重复步骤02到09。

12.重复编绳，即可编出圆形八股编。

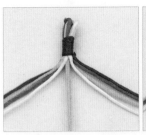

01.四根线对折，连同一根较粗的线作为芯线，用绕线固定上方，下方八根线作为编线，左右四根线颜色对称分组。

02.左边最外面的红线往右弯折，包裹右边靠中间的黄线、白线和芯线，再折回左边。

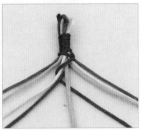

03.右边最外面的红线往左弯折，包裹左边靠中间的白线、红线和芯线，再折回右边。

04.左边最外面的蓝线往右弯折，包裹右边靠中间的白线、红线和芯线，再折回左边。

05.右边最外面的蓝线往左弯折，包裹左边靠中间的红线、蓝线和芯线，再折回右边。

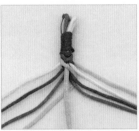

06.左边最外面的黄线往右弯折，包裹右边靠中间的红线、蓝线和芯线，再折回左边。

07.右边最外面的黄线往左弯折，包裹左边靠中间的蓝线、黄线和芯线，再折回右边。

08.左边最外面的白线往右弯折，包裹右边靠中间的蓝线、黄线和芯线，再折回左边。

09.右边最外面的白线往左弯折，包裹左边靠中间的黄线、白线和芯线，再折回右边。

10.现在编线的排列和开始的时候一样，重复步骤02到09，注意每次编时拉紧编线。

11.反复用最外侧线包裹内侧两根线和芯线，即可编出包芯线的八股编。

十股编由十根线编成四面方形，常象征十全十美。

01.五根线对折，固定上方，下方十根线作为编线，左右颜色对称分组。

02.左边最外面的黄线往右弯折，包裹右边靠中间的三根线（红线、绿线、棕线），再折回左边。

03.右边最外面的黄线往左弯折，包裹左边靠中间的三根线（黄线、红线、棕线），再折回右边。

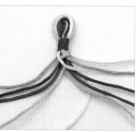

04.左边最外面的白线往右弯折，包裹右边靠中间的三根线（黄线、红线、棕线），再折回左边。

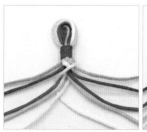

05.右边最外面的白线往左弯折，包裹左边靠中间的三根线（白线、黄线、红线），再折回右边。

06.左边最外面的绿线往右弯折，包裹右边靠中间的三根线（白线、黄线、红线），再折回左边。

07.右边最外面的绿线往左弯折，包裹左边靠中间的三根线（绿线、白线、黄线），再折回右边。

08.左边最外面的棕线往右弯折，包裹右边靠中间的三根线（绿线、白线、黄线），再折回左边。

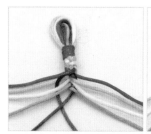

09.右边最外面的棕线往左弯折，包裹左边靠中间的三根线（棕线、绿线、白线），再折回右边。

10.左边最外面的红线往右弯折，包裹右边靠中间的三根线（棕线、绿线、白线），再折回左边。

11.右边最外面的红线往左弯折，包裹左边靠中间的三根线（红线、棕线、绿线），再折回右边。现在编线排列又和开始的时候一样。

12.重复之前步骤，即可编出方形十股编。

金刚结的纹理与蛇结很相像，但是金刚结的正反面纹理稍有差别。金刚结是连续编结，两根线回环缠绕，紧密结合，一旦打成，难以解开，故有"稳固刚硬"之意。

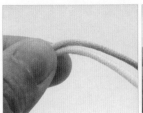
01.左手拿两根线。

02.下方的黄线向后弯折，包着粉线做一个圈。

03.粉线绕左手食指做圈，穿过黄线圈。

04.扯紧黄线，固定粉线圈。

05.把整个结从前往后，上下翻转。注意之后每次做好半个结时都要这样翻转。此时粉线做好的圈竖直呈现。

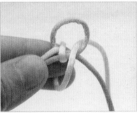
06.黄线绕左手食指做圈，穿过粉线圈。

07.扯紧粉线，固定黄线圈。

08.按照之前翻转的方向，把结体上下翻转，重复之前步骤，用粉线绕着食指做圈，并穿过黄线圈。

09.扯紧黄线，固定粉线圈。

10.按照之前翻转的方向，把结体上下翻转，重复之前步骤，用黄线绕着食指做圈，并穿过粉线圈。

11.扯紧粉线，固定黄线圈。

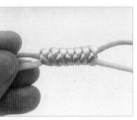
12.如此重复之前步骤，结束编结时，扯紧所有线圈即可。

金刚结由两根线回环缠绕而成，因此中间可以加入芯线，使结体更浑圆结实。

01.取四根线，中间两根大红线做芯线，用粉色和黄色两线做金刚结。

02.下方的黄线往后弯折，包着其他三根线做一个圈。

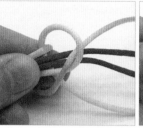

03.粉线绕左手食指做圈，穿过黄线圈。

04.扯紧黄线，固定粉线圈。

05.把整个结从前往后，上下翻转。注意之后每次做好半个结时都要这样翻转。此时粉线做好的圈竖直呈现。

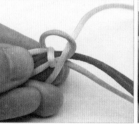

06.黄线绕左手食指做圈，穿过粉线圈。注意每一次做圈，都会把两根大红线包在中间。

07.扯紧粉线，固定黄线圈。

08.按照之前翻转的方向，把整个结体翻转，黄线圈竖直，用粉线绕左手食指做圈，并穿过黄线圈。

09.扯紧黄线，固定粉线圈。

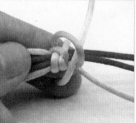

10.按照之前翻转的方向，把整个结体翻转，粉线圈竖直，用黄线绕左手食指做圈，并穿过粉线圈。

11.扯紧粉线，固定黄线圈。

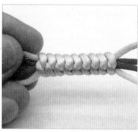

12.不断重复之前步骤，注意每次做圈都把大红线包在里面即可。

金刚结亦可用四根线回环缠绕而成，只需按照一定顺序绕圈，就能做出交错的花纹。

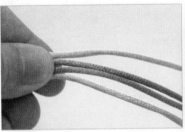

01.左手拿着四根线。

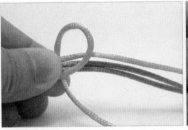

02.下方的粉红线往后弯折，包着另外三根线做一个圈。

03.上方的粉红线绕食指做一个圈，从竖立的粉红线圈中穿出。

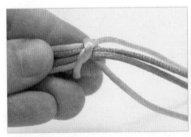

04.收紧竖立的粉红线圈，固定食指上的粉红线圈。

05.把结体上下翻转，又会出现一个竖立的粉红线圈。

06.取浅金线绕食指一圈，穿过竖立的粉红线圈。

07.收紧竖立的粉红线圈，固定食指上的浅金线圈。

08.把结体上下翻转，又会出现一个竖立的浅金线圈。

09.取另一根浅金线绕食指一圈，穿过竖立的浅金线圈。

10.收紧竖立的浅金线圈，固定食指上的浅金线圈。

11.把结体上下翻转，又会出现一个竖立的浅金线圈。取上方粉红线绕食指一圈，穿过竖立的浅金线圈。

12.收紧竖立的浅金线圈，固定食指上的粉红线圈。

13.把结体上下翻转，又会出现一个竖立的粉红线圈。再用粉红线绕食指做圈，并穿过竖立的粉红线圈。

14.收紧竖立的粉红线圈，固定食指上的粉红线圈。

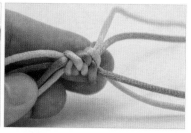

15.如之前步骤，用浅金线绕食指做圈，并穿过竖立的粉红线圈，收紧竖立的粉红线圈，固定食指上的浅金线圈。

16.把结体上下翻转，再用一次浅金线做圈。

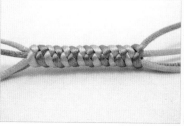

17.如此重复，每种颜色做两次圈打结，就能做出两色相间的四线金刚结。

18.四线金刚结的反面和正面不一样，是斜线的两色相间图案。

金刚结理论上可用偶数线量回环编织，只是线越多，结体越粗，而且紧密。用六根线可以做出三种颜色交错的效果。

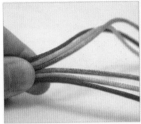

01.左手拿着六根线，颜色排列整齐。

02.下方的红线往后弯折，包着另外五根线做一个圈。

03.上方的红线绕食指做一个圈，从竖立的红线圈中穿出。

04.收紧竖立的红线圈，固定食指上的红线圈。

05.把结体上下翻转，又会出现一个竖立的红线圈。

06.取粉红线绕食指一圈，穿过竖立的红线圈。

07.收紧竖立的红线圈，固定食指上的粉红线圈。

08.把结体上下翻转，会出现一个竖立的粉红线圈。取另一根粉红线绕食指一圈，穿过竖立的粉红线圈。

09.收紧竖立的粉红线圈，固定食指上的粉红线圈。

10.把结体上下翻转，又会出现一个竖立的粉红线圈。

11.换浅金线绕食指一圈，穿过竖立的粉红线圈。

12.收紧竖立的粉红线圈，固定食指上的浅金线圈。

13.把结体上下翻转，又会出现一个竖立的浅金线圈。取另一根浅金线绕食指一圈，穿过竖立的浅金线圈。

14.收紧竖立的浅金线圈，固定食指上的浅金线圈。

15.把结体上下翻转，又会出现一个竖立的浅金线圈。再从红色开始，用红线绕食指一圈穿过竖立的浅金线圈。

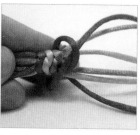

16.收紧浅金线圈固定手指上的红圈后，翻转结体，再用红线绕食指一圈，穿过竖立的红线圈。

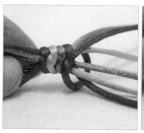

17.收紧竖立的红线圈，固定手指上的红线圈。

18.翻转结体，再用粉红线做圈穿过竖立的红线圈，收紧红线圈固定。

19.再翻转到正面，再用粉红线做圈，穿过竖立的粉红线圈，收紧粉红线圈固定。

20.把结体上下翻转，换用浅金线做金刚结的编线。

21.再把结体翻转，现在可以看到每种颜色排列得很整齐。

22.如此重复，每种颜色做两次圈打结，就能做出三色相间的六线编金刚结。

23.注意：六线编金刚结的反面和正面不一样。

双向平结因结形方正平实，常象征
富贵平安、四平八稳、平步青云。

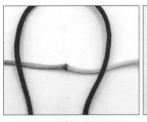

01.取一根线放在红色芯线下
方，左段为粉色，右段为黄色。

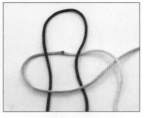

02.左边粉线往右弯折，放在红
色芯线上方，右边黄线下方。

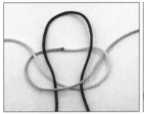

03.黄线往左弯折，放在红色
芯线下方，从粉线圈里穿出。

04.拉紧左右两根线，此时黄
线位于左边，粉线位于右边。

05.黄线往右弯折，放在红色
芯线下方，粉线的上方。

06.粉线往左穿出黄色线圈。

07.拉紧左右两线，此时粉线
又回到左边，黄线回到右边。
此时已做好一个双向平结。

08.重复步骤02。

09.重复步骤03。

10.重复步骤04和05。

11.重复步骤06。

12.拉紧第二个双向平结。

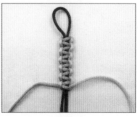

13.每一次编结都换一次方向，
就能编出平整的双向平结。

平结
（单向）

单向平结能让结体呈现螺旋状立体造型，仿佛一道旋转楼梯，是别致的装饰结。

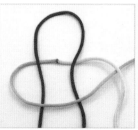

01.取一根线放在红色芯线下方，左段为粉色，右段为黄色。

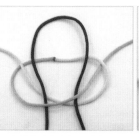

02.左边粉线往右弯折，放在红色芯线上方，右边黄线下方。

03.黄线往左弯折，放在红色芯线下方，从粉线圈里穿出。

04.拉紧左右两根线，此时黄线位于左边，粉线位于右边。

05.和之前步骤相似，左边黄线往右弯折，放在红色芯线上方，并放在右边粉线下方。

06.右边的粉线往左弯折，放在红色芯线下方，从黄线圈里穿出。

07.拉紧之后，结体不是平的，有旋转的趋势。

08.重复步骤02到04。

09.重复步骤05到07。

10.一直保持左边的线位于芯线上方，右边的线位于芯线下方，连续编可以做出颜色交错并像旋转楼梯一样的绳结。

你发现了吗？

此处介绍的单向平结的编法，一直保持左线放在芯线上方，右线从芯线下方穿回。假如一直保持左线放在芯线下方，右线从芯线上方穿回，同样可以编出旋转的单向平结，只是旋转的方向不一样。

利用两种颜色的线，交替包裹芯线编同一方向的单向平结，能让结体呈现双色螺旋状立体造型，比单线做单向平结层次更为丰富。改变单向平结的编织方式可以改变螺旋的方向。

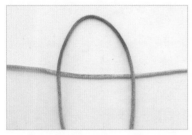

01.取浅金线对折作为芯线，蓝线放在芯线下面。

02.左端蓝线往右弯折，放在右端蓝线下方。

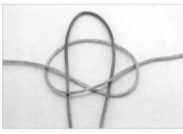

03.右端蓝线往左弯折，放在浅金色芯线下方，从左边蓝线圈里穿出。

04.拉紧蓝线两端，把蓝线固定在芯线上。

05.取粉红线，重复步骤01到03。

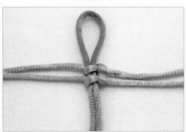

06.拉紧粉红线两端，把粉红线固定在芯线上。

07.左边蓝线放在粉红线上方，右边蓝线放在粉红线下方。此时左端蓝线往右弯折，放在右端蓝线下方。

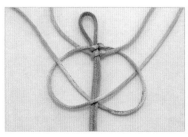

08.右端蓝线往左弯折，放在浅金色芯线下方，从左边蓝线圈里穿出。

09.轮到粉红线做编线，左边粉红线放在蓝线下方，右边粉红线放在蓝线上方。此时左端粉红线往右弯折，放在右端粉红线下方。

10.右端粉红线往左弯折，放在浅金色芯线下方，从左边粉红线圈里穿出。

11.换蓝线做编线，重复步骤07和08。

12.换粉红线做编线，重复步骤09和10。

13.重复之前步骤，则编成双色的螺旋形状的平结。

你发现了吗？

　　单向平结的旋转方向和编结的方式有关。此处介绍的单向平结的编法，一直保持左线放在芯线上方，右线从芯线下方穿回，并且两种颜色的编线都用了同一个方向的编法。假如两种颜色的编线一直保持左线放在芯线下方，右线从芯线上方穿回，编出来的花纹旋转的方向就相反了。

利用两种颜色的线，交替包裹芯线编相反方向的单向平结，结体会呈现双色 DNA 螺旋状结构，别致有趣。

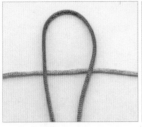

01.取浅金线对折作为芯线，蓝线放在芯线下面。

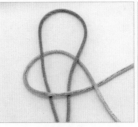

02.左端蓝线往右弯折，放在右端蓝线下方。

03.右端蓝线往左弯折，放在浅金色芯线下方，从左边蓝线圈里穿出。

04.拉紧蓝线两端，把蓝线固定在芯线上。

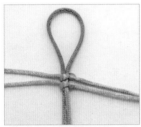

05.取粉红线，重复步骤01到04，把粉红线固定在芯线上。

06.左边蓝线放在粉红线下方，右边蓝线放在粉红线上方。此时左端蓝线往右弯折，放在芯线下方，右端蓝线上方。

07.右端蓝线往左弯折，从左边蓝线圈里穿出。

08.换粉红线做编线，左边粉红线放在蓝线上方，右边粉红线放在蓝线下方。左端粉红线往右弯折，放在芯线上方，右端粉红线下方。

09.右端粉红线往左弯折，放在浅金色芯线下方，从左边粉红线圈里穿出。

10.换蓝线做编线，重复步骤06和07。

11.换粉红线做编线，重复步骤08和09。

12.换蓝线做编线，重复步骤10。

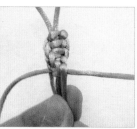

13.换粉红线做编线，重复步骤11。

14.随着平结的扭转，此时编线与开始编结的平面垂直。

15.把结体往右旋转90度，左边蓝线放在粉红线下方，右边蓝线放在粉红线上方。

16.蓝线作为编线，重复步骤06和07。

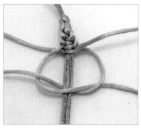

17.粉红线作为编线，重复步骤08和09。

18.重复编结几次，编线又回到开始的结体平面上。

19.编线和开始时候排列一样，再次从蓝线开始，重复步骤06和07。

20.重复编结，即可编成双色的螺旋状的平结。

用不同颜色的线交替编平结，可以做成双层的双色平结。

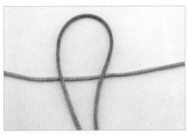

01.浅金线对折做芯线，放在蓝线上方。

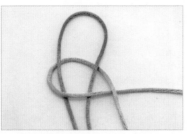

02.蓝线做编线，左端蓝线往右弯折，放在右端蓝线下方。

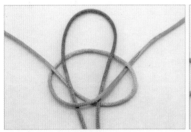

03.右端蓝线往左弯折，放在浅金色芯线下方，从左边蓝线圈里穿出。

04.拉紧蓝线，把粉红线放在芯线上方。

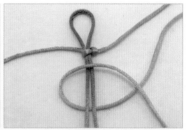

05.左端粉红线往右下弯折，放在芯线下方、右端粉红线下方。

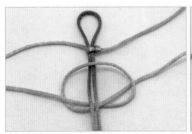

06.右端粉红线往左弯折，放在浅金色芯线下方，从左边粉线圈中穿出。

07.蓝线和粉线都固定在芯线上后，把蓝线放在粉线上，左边蓝线往右边弯折，放在芯线下方、右边蓝线上方。

08.右边蓝线往左弯折，穿出左边蓝线圈。

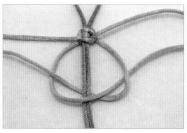

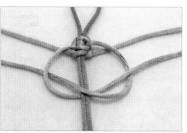

09.拉紧蓝线后，换粉线做编线，粉线放在蓝线下方，左端粉线往右弯折，放在芯线上方，右端粉线下方。

10.右端粉线往左弯折，从芯线下方穿过，穿出左边粉线圈。

11.拉紧粉线后，换蓝线做编线，蓝线放在粉线上方，重复步骤07和08。

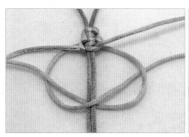

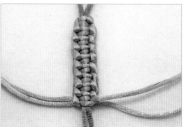

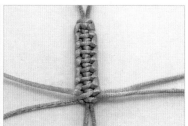

12.拉紧蓝线后，换粉线做编线，粉线放在蓝线下方，重复步骤09和10。

13.重复之前步骤，平结的中心呈现粉色，旁边呈现蓝色。

14.结体的反面，颜色排列和正面相反。

15.侧面看平结是双层的两种颜色。

此结实际上是用两种颜色的编线交替编出的平结，因为呈方形，如果中间加入圆形芯线，形似内圆外方的玉制礼器玉琮，故亦称为玉琮结。

01.浅金线对折做芯线，放在蓝线上方。

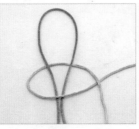

02.蓝线做编线，左端蓝线往右弯折，放在右端蓝线下方。

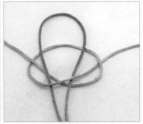

03.右端蓝线往左弯折，放在浅金色芯线下方，从左边蓝线圈里穿出。

04.拉紧蓝线，把粉红线放在芯线下方。

05.粉红线做编线，左端粉红线往右弯折，放在芯线下方，右端粉红线上方。

06.右端粉红线往左弯折，从左边粉红线圈里穿出。

07.拉紧粉红线，现在两个颜色的编线都以相反方向固定在芯线上了。

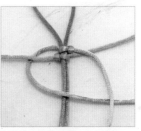

08.左端蓝线放在粉线下方，右端蓝线放在粉线上方，然后左边蓝线往右弯折，放在芯线上方，右边蓝线下方。

09.右边蓝线向左弯折，放在芯线下方，从左边蓝线圈里穿出。

10.拉紧蓝线，换粉红线编。左端粉红线放在蓝线上方，右端粉红线放在蓝线下方，然后左边粉红线往右边弯折，放在芯线上方，右边粉红线下方。

11.右边粉红线向左弯折，放在芯线下方，从左边粉红线圈里穿出。

12.拉紧粉红线，换蓝线编。左端蓝线放在粉线下方，右端蓝线放在粉线上方，然后左端蓝线向右弯折，放在芯线下方，右端蓝线的上方。

13.右端蓝线向左弯折，从左边蓝线圈中穿出。

14.拉紧蓝线后，换粉红线编。保持左端粉红线放在蓝线上方，右端粉红线放在蓝线下方，然后左端粉红线向右弯折，放在芯线下方，右端粉红线的上方。

15.右端粉红线向左弯折，从左边粉红线圈中穿出。

16.拉紧粉红线，换蓝线编，重复步骤08和09。

17.拉紧蓝线，换粉红线编，重复步骤10和11。

18.重复步骤12和13。

19.重复步骤14和15。

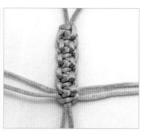

20.蓝线每编一次，粉红线就重复编一次同样方向的平结，两线反复编就出现颜色交错的平结效果。

21.侧面看玉琮结是双层的两种颜色，并且呈现锯齿状排列。

十字吉祥结由四根线按"井"字编织，寓意四方吉祥、十全十美。

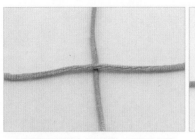

01.取两根线呈十字形摆放，竖向的红线放在横向黄线的下方。记住以这个交叉点为中心而构成的十字。

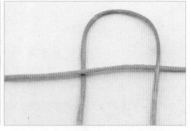

02.十字上方的红线向右下弯折，放在十字右边的黄线上。

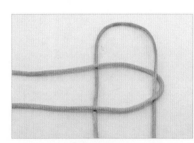

03.十字右边的黄线向左弯折，放在十字下方的红线上。

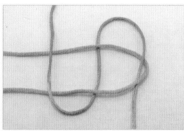

04.十字下方的红线向左上弯折，放在十字左边的黄线上。

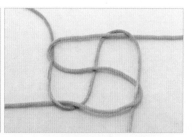

05.十字左边的黄线向右弯折，并穿出红线圈。这样十字四边的线互相交织成一个"井"字形。

06.拉紧四边的线，仍把红线放成竖向，黄线放成横向，构成一个十字。

07.十字上方的红线向左下弯折，放在十字左边的黄线上。

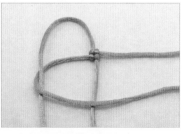

08.十字左边的黄线向右弯折，放在十字下方的红线上。

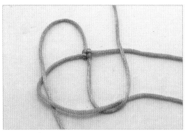

09.十字下方的红线向右上弯折，放在十字右边的黄线上。

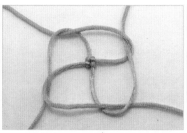

10.十字右边的黄线向左弯折，并穿出红线圈。这样十字四边的线交织成与之前方向不同的"井"字形。

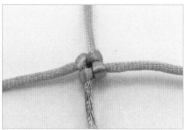

11.拉紧四边的线，仍把红线放成竖向，黄线放成横向，构成一个十字。

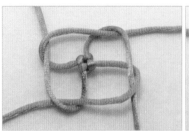

12.重复步骤02到05，再一次用四根线交织成"井"字形，注意上方红线先往右下弯折。

13.拉紧后，重复步骤07到10，再一次用四根线交织成"井"字形，注意上方红线先往左下弯折。

14.反复做不同方向的"井"字形编结，即可做出方柱状的十字吉祥结。

十字吉祥结编法稍微调整一下，即可编出圆柱形结体，因为形似玉米，又常被称为玉米结。

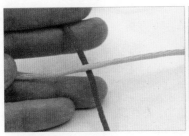

01.取两根线呈十字形摆放，竖向的红线放在横向黄线的下方。记住以这个交叉点为中心而构成的十字。

02.十字上方的红线向右下弯折，放在十字右边的黄线上。

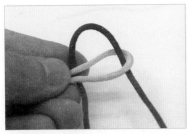

03.十字右边的黄线向左弯折，放在十字下方的红线上。

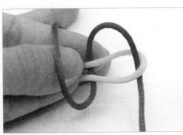

04.十字下方的红线向左上弯折，放在十字左边的黄线上。

05.十字左边的黄线向右弯折，并穿出红线圈。

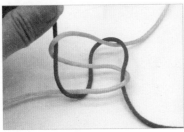

06.现在可以松手，十字四边的线交织成一个"井"字形。

07.拉紧四边的线，仍把红线放成竖向，黄线放成横向，构成一个十字。

08.十字上方的红线再次往右下弯折，放在十字右边的黄线上。

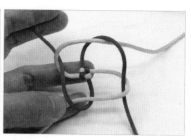

09.十字右边的黄线向左弯折，放在十字下方的红线上。

10.十字下方的红线向左上弯折，放在十字左边的黄线上。

11.十字左边的黄线向右弯折，并穿出红线圈。这样十字四边的线再次互相交织成一个"井"字形。

12.拉紧之后，重复之前的步骤。

13.每一次都是十字上方的线往右下弯折，即可做出圆柱形的十字吉祥结。

你发现了吗?

　　假如每一次十字上方的线都往左下弯折，也就是逆时针编结，做出来的圆柱结体上花纹的旋转方向是不一样的。

用两种颜色的线交替包着彼此，做圆形十字吉祥结，可出现颜色交错的螺旋形圆柱结体。

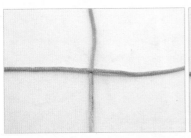

01.取两根蓝线呈十字形摆放，竖向线放在横向线的下方。记住以这个交叉点为中心而构成的十字。

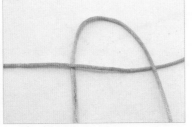

02.十字上方的蓝线向右下弯折，放在十字右边的蓝线上。

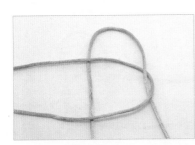

03.十字右边的蓝线向左弯折，放在十字下方的蓝线上。

04.十字下方的蓝线向左上弯折，放在十字左边的蓝线上。

05.十字左边的蓝线向右弯折，并穿出步骤02蓝线弯折而成的线圈。

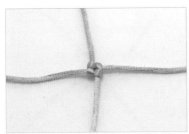

06.四个方向的线拉紧，中间结成一个小方块。

07.取两根红线，重复步骤01到06，把红色小方块叠到蓝色小方块上面，注意蓝线保持垂直的十字形，而红线斜着放，一起构成一个"米"字形。

08.十字上方的蓝线向右下弯折，跨过红线，放在十字右边的蓝线上。

09.十字右边的蓝线向左弯折，跨过红线，放在十字下方的蓝线上。

10.十字下方的蓝线向左上弯折，跨过红线，放在十字左边的蓝线上。

11.十字左边的蓝线向右弯折，跨过红线，并穿出步骤08蓝线弯折而成的线圈。

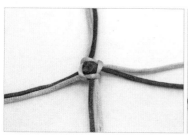

12.拉紧四个方向的蓝线，裹紧红色小方块。

13.十字上方的红线向右下弯折，跨过蓝线，放在十字右边的红线上。

14.十字右边的红线向左弯折，跨过蓝线，放在十字下方的红线上。

15.十字下方的红线向左上弯折，跨过蓝线，放在十字左边的红线上。

16.十字左边的红线向右弯折，跨过蓝线，并穿出步骤13红线弯折而成的线圈。

17.拉紧四个方向的红线，中间又出现红色小方块，八根线呈现"米"字形。

18.重复步骤08到11。

19.拉紧四个方向的蓝线，尽量也拉成一个蓝色的小方块。

20.重复步骤13到16。

21.拉紧四个方向的红线，中间又出现红色小方块，八根线呈现"米"字形。

22.蓝线和红线交替重复编玉米结，就会呈现两种颜色的螺旋花纹。

你发现了吗？

由于十字吉祥结有两个方向的编法，复线玉米结除了可以呈现顺时针的螺旋，还可以编成逆时针的螺旋，只需编结时十字上方编线往左下弯折，改变十字编结的方向即可。

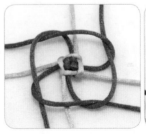

用两种颜色的线，一正一反做十字吉祥结，可出现较粗的颜色交错的方形结体。

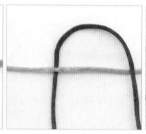

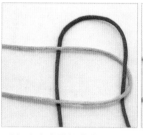

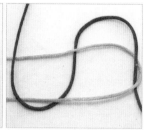

01.蓝线与红线呈十字形摆放，竖向红线放在横向蓝线的下方。记住以这个交叉点为中心而构成的十字。

02.十字上方的红线向右下弯折，放在十字右边的蓝线上。

03.十字右边的蓝线向左弯折，放在十字下方的红线上。

04.十字下方的红线向左上弯折，放在十字左边的蓝线上。

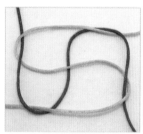

05.十字左边的蓝线向右弯折，并穿出步骤2红线弯折而成的线圈。

06.四个方向的线拉紧，中间结成一个小方块。红线和蓝线仍保持十字形。

07.十字上方的红线向左下弯折，放在十字左边的蓝线下。

08.十字左边的蓝线向右弯折，放在十字下方的红线下。

09.十字下方的红线向右上弯折，放在十字右边的蓝线下。

10.十字右边的蓝线向左弯折，放在红线下方，并穿出步骤07红线弯折而成的线圈。

11.四个方向的线拉紧，尽量贴紧第一个小方块的外围。

12.重复步骤02到05。

 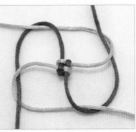  

13.四个方向拉紧，结体中间
又出现了小方块。

14.重复步骤07到10。

15.四个方向拉紧，尽量贴紧
中间的小方块，并且注意和之
前编的结体对齐。

16.重复正反编结，会编出颜
色相间的四方柱体。

你发现了吗?

　　此处介绍的反线玉米结，正反两次编结
的方向是相反的，一次顺时针，一次逆时针。
当正反两次编结都用顺时针方向时，编出的
四方柱体颜色就不会整齐分布，而是呈现出
斑驳交错的花纹。

正反两次编结，都是顺时针方向。

 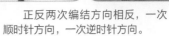

正反两次编结方向相反，一次
顺时针方向，一次逆时针方向。

雀头结

雀头结在中国和西洋绳结里都有出现，纹理整齐美观，常寓意心情雀跃，喜上眉梢。一般用两根线编织，技艺稍加变化，换用一卷细棉线用梭子编织，则成西洋古老的梭编蕾丝技法。

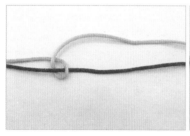

01.取两根线，上方黄线从前往后绕着红线做圈。

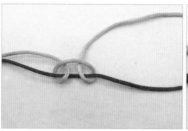

02.黄线从后往前绕着红线做第二个圈。

03.拉紧两个线圈，就是一个雀头结。

04.重复之前步骤，红线做芯，黄线从前往后绕圈。

05.黄线从后往前绕红线做圈。

06.抽紧黄线，重复之前步骤，即成连续的雀头结。

桃花结利用雀头结做"花瓣"，通过"花瓣"的连接，可以不断延伸编结，寓意爱情绵长。

01.两根线对折固定上端，下面四根线为编线。

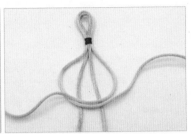

02.外侧两根黄线分别往中间弯折重叠成圈，放在粉线上方。

03.两根粉线分别穿过黄线圈（如图）。

04.拉紧所有线，完成桃花结的第一片"花瓣"。

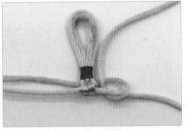

05.右边粉线从前往后包裹黄线做圈，编雀头结第一步。

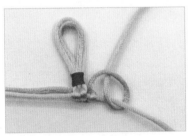

06.右边粉线从后往前包裹黄线做圈，编雀头结第二步。

07.右边粉线拉紧雀头结，完成桃花结的第二片"花瓣"。

08.左边粉线从前往后包裹黄线做圈，编雀头结第一步。

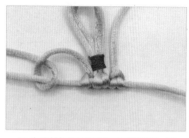

09.左边粉线从后往前包裹黄线做圈，编雀头结第二步。

10.左边粉线拉紧雀头结，完成桃花结的第三片"花瓣"。

11.黄线再次往中间弯折重叠成圈。

12.类似步骤03，粉线从后往前穿过重叠线圈（如图）。

13.拉紧所有线，完成桃花结的第四片"花瓣"。

14.重复步骤05到10。

15.重复步骤11和12。

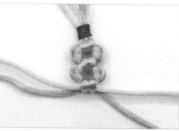

16.拉紧所有线，完成第二个桃花结。

17.重复之前步骤，可编出连续的桃花结。

斜卷结以一根线为轴，另一根线缠绕做结，可连续编结，变换轴线则可改变花纹走向。由于在手绳编织过程中可构成变化多样的花纹，欧美流行的友谊手绳多用斜卷结编法。编结时，线的走向往左，称为左斜卷结，反之为右斜卷结。

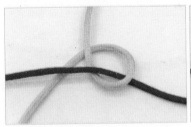

01.红线为轴线，黄线放在红线下面，向右从后往前包裹红线，弯折做圈，放在自身和红线下方。

02.黄线再从左往上包裹红线做圈，放在自身上方，在红色轴线下穿出。

03.拉紧两个线圈即成一个左斜卷结。

04.再加一根轴线，重复步骤01。

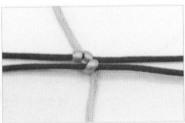

05.拉紧线圈。

06.重复步骤02。

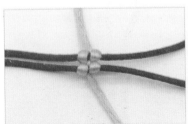

07.拉紧线圈，两个斜卷结可紧密连接。

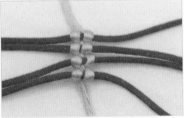

08.轴线增多，斜卷结就能组成一排。

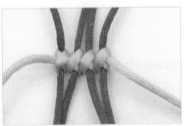

09.轴线竖放时反面的左斜卷结。

斜卷结
（右向）

无论左向还是右向，斜卷结从正面看都是两个小线圈，但当轴线竖放时从反面看，左斜卷结的十字交叉是向左的斜线，右斜卷结则相反，是向右的斜线。有些编织作品中，可利用斜卷结的反面纹理，会呈现出独特效果。

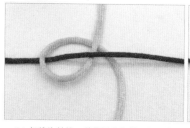

01.红线为轴线，黄线放在红线下面，向左从后往前包裹红线，弯折做圈，放在自身和红线下方。

02.黄线再从右往上包裹红线做圈，放在自身上方，在红色轴线下穿出。

03.拉紧两个线圈即成一个右斜卷结。

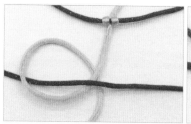

04.再加一根轴线，重复步骤01。

05.拉紧线圈。

06.重复步骤02。

07.拉紧线圈，两个斜卷结可紧密连接。

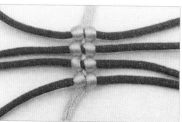

08.轴线增多，斜卷结就能组成一排。

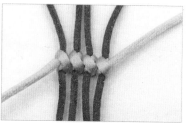

09.轴线竖放时反面的右斜卷结。

绕线，即通过细线在粗线上不断缠绕，达到加粗加硬绳体、改变绳体颜色的效果。

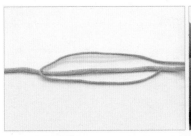

01.粉色粗线为芯线，绿色细线弯折一段做圈。

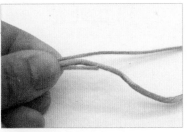

02.左手捏住绿线圈和粉线（如图）。

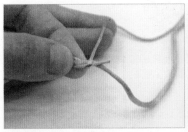

03.绿线长的一端绕紧粉线和绿线圈。

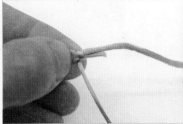

04.注意左手捏紧，右手拿绿线继续缠绕粉线和绿线圈。

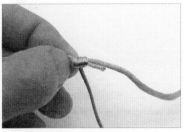

05.开始的几圈一定要绕得紧一些。

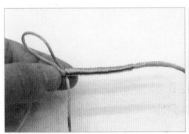

06.绕到合适的长度停下来。

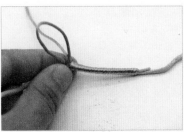

07.剩下的绿线穿过绿线圈。

08.拉扯右端短绿线，收紧绿线圈，固定绕线。

独立绳结

　　独立绳结大多有花纹图案，有装饰感。若连续编结条带状，手感颇硬，绳结之间的空隙容易拉扯变松。

常用的独立绳结编法

蛇结 ▲ 62 页

双钱结 ▲ 63 页

双钱环 ▲ 64 页

梅花结 ▲ 65 页

六边菠萝结 ▲ 66 页

发簪结 ▲ 68 页

锦囊结 ▲ 69 页

双线纽扣结 ▲ 70 页

单线纽扣结 ▲ 71 页　　　双联结 ▲ 72 页　　　同心结 ▲ 73 页

曼陀罗花结 ▲ 74 页　　藻井结 ▲ 75 页　　二耳酢浆草结 ▲ 76 页　　三耳酢浆草结 ▲ 77 页

六耳团锦结 ▲ 78 页　　八耳实心团锦结 ▲ 79 页　　二回盘长结 ▲ 81 页

三回盘长结 ▲ 83 页　　吉祥结 ▲ 85 页　　平结圈 ▲ 87 页　　绕线圈 ▲ 89 页

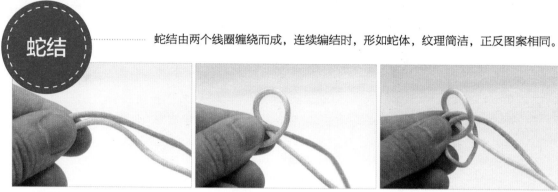

蛇结

蛇结由两个线圈缠绕而成，连续编结时，形如蛇体，纹理简洁，正反图案相同。

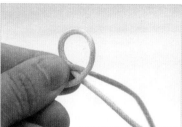

01.左手拿两根线。

02.下方的黄线向后弯折，包着粉线做一个圈。

03.粉线绕左手食指做圈，穿过黄线圈。

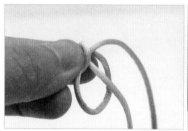

04.扯紧黄线，固定粉线圈。

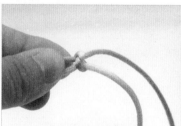

05.拉紧粉线圈，做好一个蛇结。

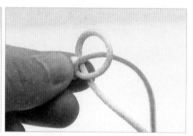

06.重复步骤02。

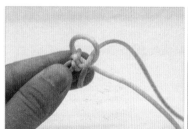

07.重复步骤03。

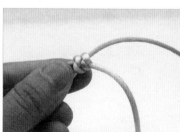

08.重复步骤04和05，做好第二个蛇结。

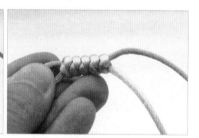

09.注意：每次做新的蛇结时，都尽量靠近之前的部分。

01.把线对折，注意区分左右线。

双钱结是古老绳结，原始寓意为"生生不息"。后世把此结命名为"双钱结"，皆因形状像两个铜钱套在一起，附以"财运亨通"之意。也因谐音"双全"，而有"福禄双全"的意思。

02.左边粉线往右盘出一个圈，放在右边黄线上。

03.右边黄线往左盘出另一个圈，注意黄线压在粉线上面，并穿过中间的线圈。

04.黄线向下穿出，注意先压粉线圈，然后挑黄线，最后压在粉线圈上穿出。

05.调整绳结松紧大小即可。

双钱环

双钱环因其形状像菠萝，也常被称作"菠萝结"。其实它是由双钱结演变而来的，中间孔洞可根据具体需要变化，常作为编绳中的装饰用结。

01.左边黄线部分从右往左弯折一个线圈，右边粉线放在黄线上方。

02.用右边粉线弯折第二个线圈，放在第一个黄线圈上方。

03.粉线从黄线下方穿过。

04.粉线继续从左上方穿出，依次为粉线圈上方、黄线圈下方、粉线圈上方、黄线圈下方。做好第三个线圈，构成一个双钱结。

05.移动粉线，把整个双钱结调整成黄色。

06.粉线穿回黄线起始处内侧。

07.粉线沿着已经做好的黄线双钱结再穿一次，构成第二层粉色双钱结。

08.余下的粉线从起始的两线交会处穿出。

09.用棍状物（笔芯、筷子等）穿过结体中间的方孔。

10.右手把结体轻轻往左推拢成立体形状。

11.把结体一点点抽紧成球形。

12.剪去多余的线，用打火机烧粘线头。取出棍状物即可。

梅花结利用线圈交叠，形似梅花，寓意品格高洁。

01.黄色段线弯折成一个圈，放在粉色段线下方。

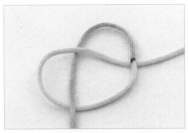

02.粉色段线从后往前，穿出黄线圈。

03.黄色段线顺时针绕一圈，自下而上，压粉色段线、黄线圈，再从粉色段线和黄线圈的下方穿出，放回黄色段线的上方。

04.粉色段线逆时针绕一圈，如图穿压：右端黄线上、上方粉圈下、第一个黄色圈上、第二个黄色圈下、粉线上、第一个黄圈下、第二个黄圈上。

05.拉好最后一个粉线圈。

06.最后调整每个线圈大小即可。

六边
菠萝结

六边菠萝结比一般菠萝结要大，呈椭圆形，更像菠萝的形状。常用于装饰绳体，遮盖瑕疵部位，或者用于流苏顶部的装饰。

01.把线对折，分左右两线。

02.右边黄线往左弯折成圈，放在左边蓝线上。

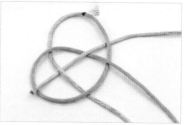

03.左边蓝线往右弯折，放在黄线尾上，然后从右上往左下如图穿线，挑黄线，压黄线，挑蓝线，压黄线，穿成一个双钱结。

04.双钱结不要拉紧，每个线圈都调成一样的大小。

05.左边蓝线往右弯折，放在黄线尾下方。

06.蓝线从右下往左如图穿线，挑蓝线，压黄线，挑蓝线，挑蓝线，压蓝线，挑黄线。

07.左边蓝线再次往右弯折，放在黄线尾上方。

08.蓝线从右下往左如图穿线，挑蓝线，压蓝线，挑黄线，压黄线，挑蓝线，压蓝线，挑蓝线，压黄线。

09.穿好蓝线后，结体中间呈现一个六角星形。

10.蓝线再次往右弯折，从黄线起始走线处穿入。

11.沿着黄线的走向，蓝线在黄线的外侧再次穿线。

12.注意每一处穿线都和原来的走线平行，挑压一致。

13.蓝线把第二圈全部穿完。

14.结尾的蓝线再次从黄线起始走线处穿出来。

15.取圆棒状物体（如笔芯）穿过结体中心的孔洞。

16.把结轻轻推拢成球状。

17.一点点把编线收紧，调整成波萝形状。

18.剪去多余的线，打火机烧熔线头粘紧即可。

发簪结是双钱结的复杂变形，它很像一朵云彩，在古代用于装饰，取"华美"之意。

01.把线对折，分左右两条线。

02.右边粉红线向左弯折放在左边的黄线上，然后黄线向右弯折，穿过粉红线圈。此时左右下方各有一个半月形线圈。

03.粉红半月形线圈往右边翻折，形成一个线圈。

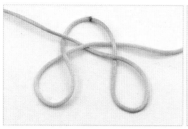

04.黄色半月形线圈也往右边翻折，形成另一个线圈。

05.左上方粉红线往右下弯折，放在左边黄线圈下方。

06.右边整个粉红线圈穿过左边粉红线下方，压着黄线圈。

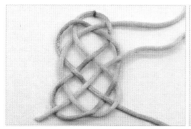

07.右上黄线如图往左下穿，依次是压粉红线，挑黄线，压粉红线，挑黄线，压粉红线。

08.发簪结初步编好。

09.调整绳结形状即可。

锦囊结如同数个双钱结拼合在一起，形如锦囊。

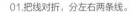

01.把线对折，分左右两条线。

02.右边黄线往左弯折成圈，放在左边粉红线上。

03.左边粉红线往右弯折，放在黄线尾上，然后从右上往左下穿线，挑黄线，压黄线，挑粉红线，压黄线，穿成一个双钱结。

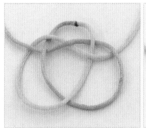

04.把粉红线和黄线往上提，空出下面两个线圈。

05.右下方的粉红线圈往右翻折，形成新的线圈。

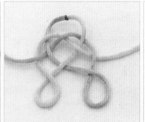

06.左下方的黄线圈也往右翻折，形成新的线圈。

07.左边的粉红线往右下弯折，放在黄线圈下方。

08.右边整个粉红线圈穿过左边黄线圈下方的粉红线的底下，压着黄线圈。

09.右边黄线如图穿线，先压粉红线，挑黄线，压粉红线，挑黄线，压粉红线，最后从左下方穿出。

10.穿好之后调整一下形状即可。

双线纽扣结

双线纽扣结是最有实用价值的绳结之一，很长一段时间以来，中国人的衣服上只用这种扣子。纽扣结立体浑圆，却又纵横交错，很难打开，因此寓意关系亲密，有"难舍难分"之意。

01.左手捏住两根编线。

02.下方黄线往左弯折做一个圈。

03.把黄线圈往左翻折，左手按紧下端。

04.红线绕着左手食指一圈。

05.红线从前向后，穿进手指上方的红线圈。

06.红线再穿出黄线圈。

07.左手松开，整理一下。

08.红线绕过竖着的黄线，穿入中间方孔。

09.黄线绕过竖着的红线，穿入中间方孔。

10.扯紧上下两端的线，就能看到纽扣结的雏形了。

11.调整绳结形状和位置即可。

单线纽扣结的形状和
双线纽扣结相似，结体两
端只有一根线穿出。

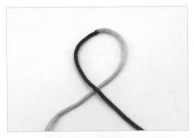

01.左端红线向右弯折做圈一，左线放在
右线上。

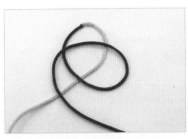

02.右端红线继续弯折做圈二，放在圈一
上方。注意这与双钱结不同，红线仍放
在黄线上。

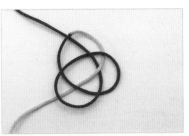

03.红线往左上方穿出，依次在红圈上、
黄线下、红圈上、红线下，和双钱结的
走线一样做圈三。

04.如图，红线从圈三上方，圈二和圈一
交叉处下方的中间孔穿出。

05.轻轻抽拉左右两条线，拢成立体形状。

06.逐步抽紧线，即可调整出球状的单线
纽扣结。

双联结

双联结由两个单结组成，互相套合，紧密难拆。整个结体浑圆，用来分隔或收口都非常合适。因"联"与"连"谐音，此结常隐喻为好运连连、连年有余等。

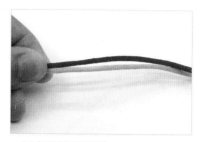

01.左手捏住两根编线。

02.下方的黄线往后弯折，包着红线做一个圈。

03.红线也往后弯折做一个圈，注意红线尾放在两根线的下方，与黄线平行。

04.红线从红线圈和黄线圈重合的部分中穿过。

05.黄线只穿过黄线圈，注意不穿过红线圈。

06.放松线圈，稍加整理，两个单结呈十字交叉状。

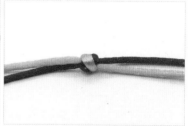

07.拉紧结体即可。

同心结是利用最简单的两个单结交叉，构成一个四瓣花形，又如两个心形交叠，寓意心心相印，永结同心。

01.两根线上端打一个结固定。

02.右边粉线往左上弯折做一个圈。

03.粉线从后往前穿，做成一个单结。

04.左边红线从前往后穿过粉线圈，并放在红线下方。

05.红线从前往后穿，做成一个单结。

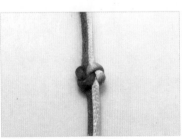

06.拉紧两个单结，即成一个同心结。

曼陀罗花结实际上是两个同心结的重合，所以呈现螺旋形八个花瓣堆叠的效果。

01.右边粉线顺时针打一个单结（如图）。

02.粉线再顺时针绕上去。

03.粉线从后面穿两个线圈出来。

04.调整一下粉线圈。

05.左边红线从前往后，穿过粉线圈中心，放在后面。

06.红线往前弯折，穿过红线圈，形成一个单结。

07.红线再次从前往后穿过粉线圈中心到后面。

08.红线往前弯折，穿过两个红线圈。

09.调整一下红线圈。

10.左右两线都收紧，调整好花结形状即可。

藻井结中心有"井"字形图案，于是以古代宫殿天花板装饰"藻井"命名。因其方正平整，故常寓意"井然有序"。

01.把线对折分左右两条线，左边粉线往右弯折做圈，放在右边黄线下方。

02.右边黄线穿出粉线圈，做成一个松垮的单结。

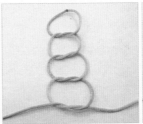

03.按照同样方向（左线先放右线下打结），继续做三个同样的单结。

04.右边黄线向上弯折，放在第一个线圈下方，然后穿过四个单结的中间。

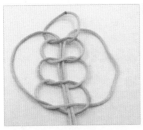

05.左边粉线往上弯折，放在第一个线圈上方，然后穿过四个单结的中间。

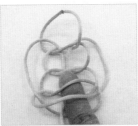

06.然后用右手食指穿过最后两个单结的中间。

07.右手拇指也穿过最后两个单结的中间，拇指和食指按紧另外两个单结以及已经穿入的线。

08.左手把环绕在右手手指上的线圈往上翻，注意正面和背面的线都要翻，翻过去时不要越过最顶上的线圈，右手两手指要按紧其余部分保持不动。

09.松开右手，竖直方向的四根线稍稍拉紧，结体中间出现一个"井"字形。

10.抽紧左右对称的两个线圈。

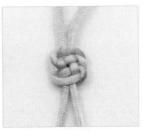

11.把多余的线慢慢调整到下端，做成方形的藻井结。

二耳酢
浆草结

二耳酢浆草结中心由三个绳套构成稳固的三角
形，每个耳圈如小花瓣，结形精致可爱，常与别的绳
结组合出现。

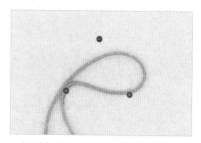

01.驼色线绕一个线圈，作为第一个套。

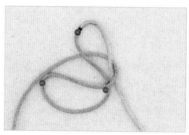

02.驼色线右端做第二个线圈，穿入第一
个套里，作为第二个套。

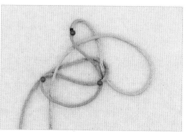

03.蓝线向右上弯折做第三个线圈，先穿
入第二个套里，并穿过驼色第一个套上
方，从第二个驼色线圈里穿出。

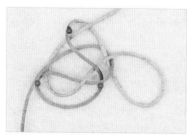

04.蓝线在驼色第一个套底下穿回，并穿
入第二个套出来。注意第三个套既要穿
入第二个套也要包着第一个套的尾部。

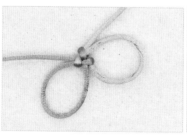

05.去掉辅助珠针，抓着结体各边，扯紧
中间三个套。

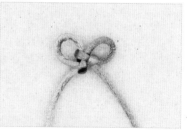

06.调整耳翼大小即可。

三耳酢浆草结中心由四个绳套构成"井"字形，
每个耳圈如小花瓣，可以多个组合在一起编成绣球结。

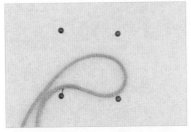

01.驼色线绕一个线圈，作为第一个套。

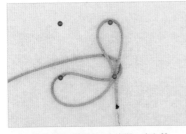

02.驼色线右端做第二个线圈，穿入第一个套里，作为第二个套。

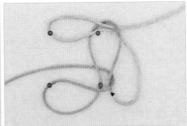

03.蓝线做第三个线圈，穿入第二个套里，作为第三个套。

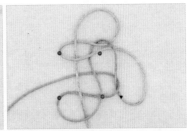

04.蓝线做最后的第四个套，先穿入蓝色的第三个套，并穿过驼色第一个套上方。

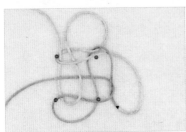

05.蓝线折回做第四套，在驼色第一个套底下穿回，并穿入蓝色第三个套出来。注意第四个套既要穿入第三个套也要包着第一个套的尾部。

06.去掉辅助珠针，抓着结体四边，扯紧中间四个套。

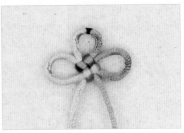

07.调整耳翼大小即可。

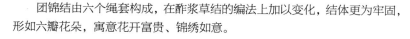

六耳
团锦结

团锦结由六个绳套构成，在酢浆草结的编法上加以变化，结体更为牢固，形如六瓣花朵，寓意花开富贵、锦绣如意。

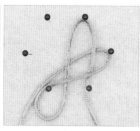

01.用六根珠针在垫板上钉出一个六边形，从线的左端开始，先在相隔的两根珠针之间做第一个绳套。

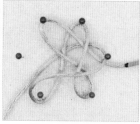

02.右端线穿过第一个绳套，做第二个绳套。

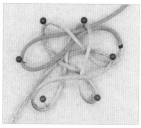

03.右端线穿过第一个和第二个绳套，勾在下一根珠针上，做第三个绳套。

04.同样，右端线继续穿过第二个和第三个绳套，勾在下一根珠针上，做第四个绳套。

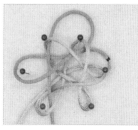

05.第五个绳套需要套住第一个绳套的尾部，因此线先穿过蓝色的第三个套和黄色的第四个套，跨过蓝色第一个套的尾部，从第一个耳翼处穿出。

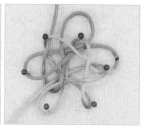

06.线折回，包着第一个套的尾部，在第一个套底下穿回，并穿过黄色的第四个套和蓝色的第三个套，完成第五个套。

07.第六个套需要套住第二个绳套的尾部，因此，线先穿过黄色的第四个套和第五个套，跨过蓝色第二个套的尾部，从第二个耳翼处穿出。

08.线折回，包着第二个套的尾部，在第二个套和第一个套底下穿回，并穿过黄色的第五个套和第四个套，完成第六个绳套。

09.收紧六个绳套，结体中心成旋转的六角形。

10.根据需要调整耳翼大小即可。

八耳实心团锦结是在团锦结的基础上增加了两个绳套，并且改变了绳套的穿套方式，从而绳结中心无孔、密实，花形大气典雅，不易变形。

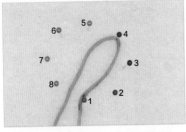

01.用八根珠针在垫板上钉出一个八边形，从线的左端开始，先在珠针1和4之间做第一个绳套。

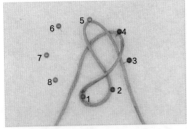

02.右端线在珠针2和5之间做第二个绳套，穿过第一个绳套。

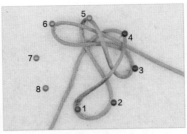

03.右端线在珠针3和6之间做第三个绳套，穿过第一、二个绳套。

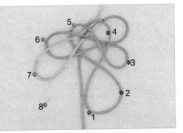

04.右端线在珠针4和7之间做第四个绳套，穿过第一、二、三个绳套（都是黄色绳套）。

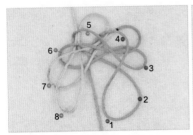

05.右端蓝线继续在珠针5和8之间做第五个绳套，穿过第二、三、四个绳套（二、三是黄色绳套，四是蓝色绳套）。

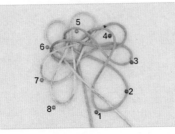

06.蓝线继续在珠针6和1之间做第六个绳套，先穿入第三、四、五个绳套（三是黄色绳套，四、五是蓝色绳套），在第一个黄色耳翼中穿出。

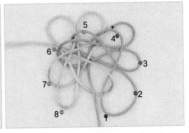

07.蓝线折回，包着黄色第一个套的尾部，在第一个套底下穿回，并穿过蓝色第四、五个绳套和黄色第三个绳套，完成第六个绳套。

079

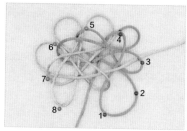

08.蓝线继续在珠针7和2之间做第七个绳套，先穿入第四、五、六个绳套（都是蓝色绳套），在第二个黄色耳翼中穿出。

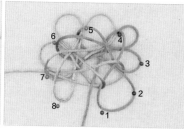

09.蓝线折回，包着黄色第二个套的尾部，在第二个套底下穿回，并穿过蓝色第四、五、六个绳套，完成第七个绳套。注意遇到黄色第一个绳套的尾部时，蓝线也在下方，而不是从中间穿过。

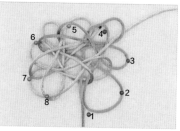

10.蓝线继续在珠针8和3之间做第八个绳套，先穿入第五、六、七个绳套（都是蓝色绳套），在第三个黄色耳翼中穿出。

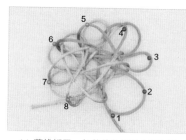

11.蓝线折回，包着黄色第三个套的尾部，在第三个套底下穿回，并穿过蓝色第五、六、七个绳套，注意遇到黄色第一、二个绳套的尾部时，蓝线也在下方，而不是从中间穿过。

12.把每个绳套拉紧，结体中心成旋转的八角形。

13.根据需要调整耳翼大小即可。

二回盘长结是由酢浆草结编法变化而来，结体方正，盘根交错，有"永远长久"之意。

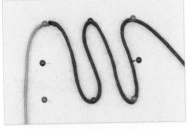

01.用八根珠针在垫板上钉出一个正方形。把线对折，右边的红线先绕出两个竖向线圈，作为右线的两个竖套。

02.右边红线继续做横向线圈，穿入两个竖套。

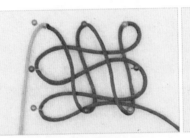

03.右边红线做第二个横向线圈，也穿入两个竖套。

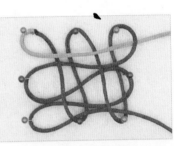

04.右边红线做完两个竖套和横套后，现在左边黄线开始做第一个横套，黄线先横跨红线的竖套，穿出横排的第一个红色耳翼。

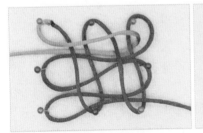

05.黄线折回做第一个横向绳套，从两个红色竖套底下穿出，可利用镊子或钩针帮助穿线。

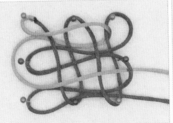

06.黄线继续做第二个横向绳套，在两个红色横套之间，跨过两个红色竖套，穿出横排第二个红色耳翼。

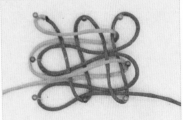

07.黄线折回，从两个红色竖向绳套底下穿出，做成第二个横向绳套。

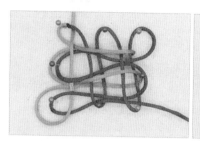

08.黄线开始做第一个竖向绳套，先穿入红色横套，跨过黄色横套，再穿入红色横套，然后跨过黄色横套，从顶上耳翼穿出。

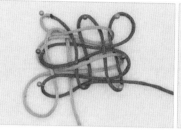

09.黄线折回，穿过黄色横套底下，穿入红色横套，再穿黄色横套底下，最后穿出红色横套，做好第一个黄色竖套。

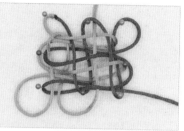

10.黄线继续做第二个竖向绳套，和第一个竖套类似，先穿入红色横套，跨过黄色横套，再穿入红色横套，然后跨过黄色横套，在红色耳翼中穿出。

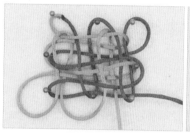

11.黄线折回，穿过黄色横套底下，穿入红色横套，再穿黄色横套底下，最后穿出红色横套，做好第二个黄色竖套。

12.收紧各绳套，把结体中心抽紧，调整整齐。

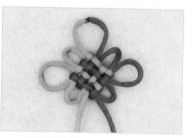

13.根据需要调整耳翼大小即可。

三回盘长结的每一根编线在横向和竖向各增加一个绳套，结体比二回盘长结更大，耳翼也更多。

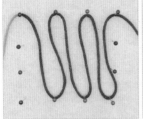

01.用12根珠针在垫板上钉出一个正方形。把线对折，右边的红线先绕出三个竖向线圈，作为右线的三个竖套。

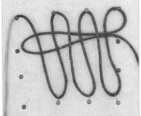

02.右边红线做横向线圈，穿入三个竖套。

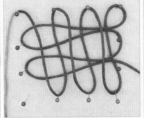

03.右边红线做第二个横向线圈，也穿入三个竖套。

04.右边红线做第三个横向线圈，同样穿入三个竖套。

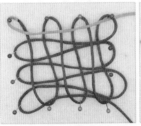

05.现在左边黄线开始做第一个横套，黄线先横跨红线的竖套，穿出横排第一个红色耳翼。

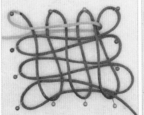

06.黄线折回做第一个横向绳套，从三个红色竖套底下穿出，此时可利用镊子或钩针帮助穿线。

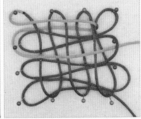

07.黄线继续做第二个横向绳套，跨过三个红色竖套，穿出横排第二个红色耳翼。

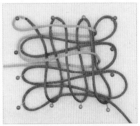

08.黄线折回，也是从三个红色竖向绳套底下穿出，做成第二个横向绳套。

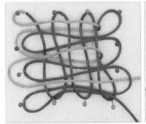

09.黄线继续做第三个横向绳套，跨过三个红色竖套，穿出横排第三个红色耳翼。

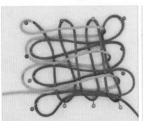

10.黄线折回，从三个红色竖向绳套底下穿出，做成第三个横向绳套。

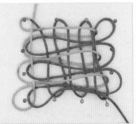

11.黄线做第一个竖向绳套，先穿入红色横套，跨过黄色横套，再穿入红色横套，跨过黄色横套，继续穿入红色横套，跨过黄色横套，从顶上耳翼穿出。

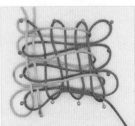

12.黄线折回，穿过黄色横套底下，穿入红色横套，再穿过黄色横套底下，穿入红色横套，继续穿过黄色横套底下，穿出红色横套。

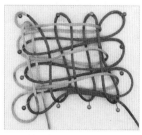

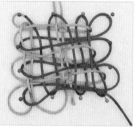
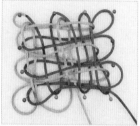

13.做好第一个黄色竖套。注意检查走线，凡是右边红线做的绳套就穿入，左边黄线做的绳套就要包起来。

14.黄线继续做第二个竖向绳套，和第一个竖套类似，三次穿入红色横套，跨过黄色横套，最后在红色耳翼中穿出。

15.黄线折回，三次穿过黄色横套底下，穿入红色横套。

16.做好第二个黄色竖套。注意检查走线，凡是右边红线做的绳套就穿入，左边黄线做的绳套就要包起来。

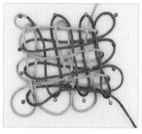
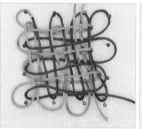
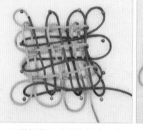
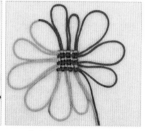

17.黄线继续做第三个竖向绳套，和第一个竖套类似，三次穿入红色横套，跨过黄色横套，最后在红色耳翼中穿出。

18.黄线折回，三次穿过黄色横套底下，穿入红色横套。

19.做好第三个黄色竖套。注意检查走线，凡是右边红线做的绳套就穿入，左边黄线做的绳套就要包起来。

20.收紧各绳套，把结体抽紧弄整齐。

21.根据需要调整耳翼大小即可。

吉祥结常出现在中国僧人的服饰和庙堂装饰上，寓意吉利祥瑞、幸福如意。

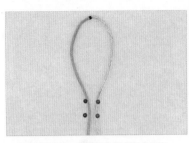

01.取线对折，用珠针在线圈下方钉出一个小正方形。

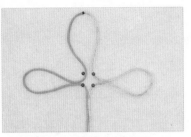

02.从珠针的左右两侧拉出两个线圈，大小和上方的线圈差不多。上面线圈、左右线圈和下方的线构成一个十字。

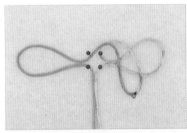

03.上方线圈往右下弯折，放在右边线圈上方。

04.右边线圈往左弯折，放在下方两条线上。

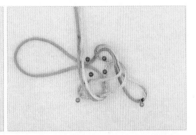

05.下方两条线往上弯折，放在左边线圈上。

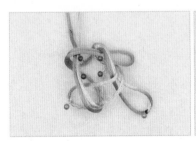

06.左边线圈向右弯折，穿出上方线圈弯折出的绳套。

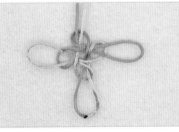

07.去掉珠针，整理一下，线圈穿结成一个交织的"井"字形。

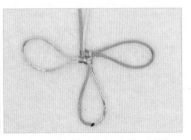

08.拉紧结体四边。此时又出现一个新的十字。

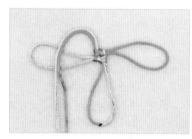

09.十字上方的双线往左下弯折，放在左边线圈上。

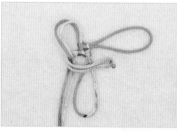

10.左边线圈往右弯折，放在下方线圈上。

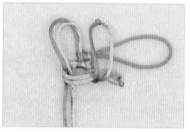

11.下方线圈往上弯折，放在右边线圈上。

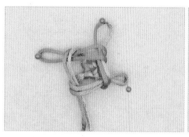

12.右边线圈往左弯折，穿出上方双线弯折出的绳套。这样构成一个相反方向的交织"井"字形。

13.拉紧结体四边。

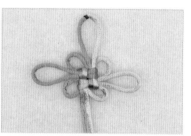

14.调整耳翼大小即可。

平结圈是利用平结包芯线做成环形装饰圈，也可以用在延长绳上做活扣。

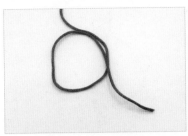

01.用一根棕色短线做芯线，绕成一个圈。

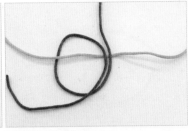

02.取另一根黄线穿过棕线圈，并放在两线重叠的下方。

03.左边黄线往右弯折放在棕线上，并放在右边黄线下。

04.右边黄线从后面穿过棕线，再穿过左边黄线圈。

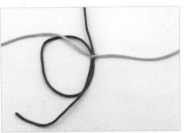

05.拉紧黄线，做好双向平结的第一部分。

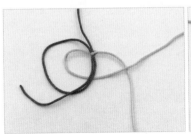

06.左边黄线往右弯折，放在棕线下方，并压在右边黄线上方。

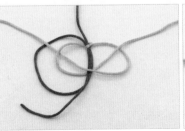

07.右边黄线从上面压棕线，穿过左边黄线圈。

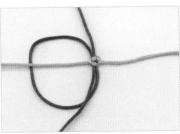

08.拉紧黄线，完成一个双向平结。

09.重复步骤03和04。

10.重复步骤05到07。

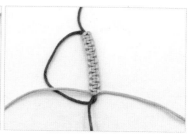

11.重复编双向平结到合适长度。

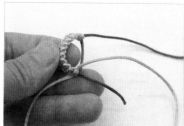

12.拉棕线两端，把平结部分弯折成圈。

13.把棕线拉紧，平结部分首尾相接。

14.剪去多余的线，用打火机烧熔线头粘紧。

15.整理平结圈形状即可。

绕线圈是利用绕线包芯线做环形装饰圈，可以运用多种颜色，为手绳增添色彩。

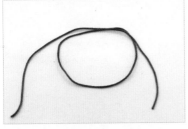

01.用一根棕色短线做芯线，绕成一个圈。

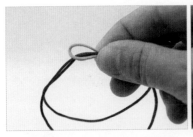

02.绿线弯折一段做圈，和棕线圈重叠放在一起。

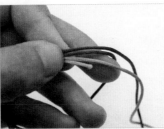

03.左手捏住绿线圈和棕线圈。

04.绿线长端包裹棕线圈和绿线圈缠绕。

05.开始时左手需要按紧一些，绿线绕紧。

06.绿线前面几圈需要使劲绕紧。

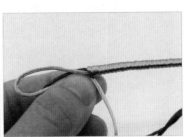

07.绿线绕到合适的长度。

08.剩余的绿线穿过绿线圈。

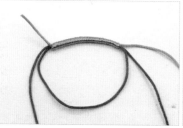

09.抽紧绿线圈，绕线部分都在棕线重合的部分。

10.拉扯棕线两端，收紧棕线圈。

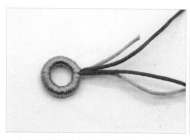

11.把棕线圈尽量扯紧，使得绕线部分首尾相接。

12.剪去多余的线，用打火机烧熔线头粘紧。

13.整理绕线圈形状即可。

/ 第三章 /

经典基础
手　　绳

相思豆

风景未看透，细水空长流

材料：72号玉线大红色2.5m

尺寸：手绳粗约3mm，样品适合
15cm手腕

难度系数：★ ☆ ☆ ☆ ☆

制作时间：1小时

双线纽扣结 P70

01.红线对折，编一个双线纽扣结。

02.调整纽扣结位置，留约5mm线圈作为扣圈。

03.距离第一个纽扣结约4cm处，再编一个纽扣结。

04.再编一个双线纽扣结。

05.调整第三个纽扣结位置，使其紧靠第二个结。

06.再编一个双线纽扣结。

07.调整第四个纽扣结位置，使其紧靠第三个结。

08.重复步骤03到07，三个纽扣结为一组，每组相隔约4cm。

09.最后结尾编一个双线纽扣结，调整到合适的位置。

10.剪掉多余的线，并用打火机烧熔线头粘紧。手绳"相思豆"完成。

? 小贴士

1. 由于编线粗细可能不同，开头预留扣圈时，可先编一个纽扣结，测试扣圈大小是否合适。

2. 调整纽扣结的时候，用镊子拨线更方便。

3. 纽扣结之间可以穿上珠子增加层次和效果。

相生

阴阳相生，是以为绳

材料：72号玉线大红色1m两根，
72号五色线1m

尺寸：手绳粗约3mm，样品适合
15cm手腕

难度系数：★★☆☆☆

制作时间：1小时

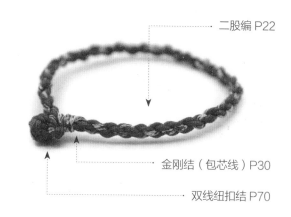

二股编 P22

金刚结（包芯线）P30

双线纽扣结 P70

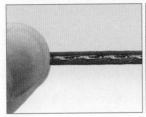

01.三根线并排，五色线排在红线中间，两手捏住三线中间两端。

02.把中间三线搓紧。

03.捏紧搓好的两端，稍往中间弯折，就会自然扭起来。

04.继续不断地搓和拧，把两股被搓的线扭成麻花状。

05.一直做二股编直到接近手腕尺寸。

06.用五色线包裹红线，做包芯线金刚结固定。

07.做三个金刚结，收紧。

08.红线每两根为一股，两股线做双线纽扣结。

09.剩余的五色线也穿过纽扣结的中心。

10.调整纽扣结的位置，并把它收紧。

11.剪掉多余的线，并用打火机烧熔线头粘紧。

12.手绳"相生"完成。

? 小贴士

1. 拧二股编的时候，手不能松开，实在需要中途暂停的话，可以用夹子夹紧已经编好的部分。如果编得太紧，可以固定好之后整体拧松一下再还原，这样可以变得均匀些。

2. 扣上纽扣结的时候，需要把二股编拧开一点，形成扣圈。

3. 结尾可以用珠子充当纽扣结。如果用股线编织，效果会更好。

岁首

冬去春来，三阳开泰

材料：A号玉线大红色1m两根，
72号五色线1m

尺寸：手绳粗约5mm，样品适合
15cm手腕

难度系数：★★☆☆☆

制作时间：1小时

雀头结 P54

双线纽扣结 P70

平结（双向）P35

三股编 P23

01.五色线对折，在两根红线中间编一个雀头结。

02.五色线继续往两边编雀头结，一共编十个雀头结。

03.左边的五色线往右弯折，放在红线上方、右边五色线下方。

04.右边的五色线从红线下方穿过，在左边五色线做成的圈中穿出来。

05.拉紧五色线，雀头结弯成一个圈。

06.左边的五色线往右弯折，放在红线下方、右边五色线上方。

07.右边的五色线从红线上方穿过，在左边五色线做成的圈中穿出来。

08.拉紧五色线，完成一个双向平结。

09.把右边的五色线从红线下方往左边弯折，使得六根线分成三组。

10.左边两根五色线一组，往右边弯折，放在中间两根红线之上。

11.右边两根红线一组，往左边弯折，放在两根五色线之上。

12.左边两根红线一组，往右边弯折，放在中间两根红线之上。

13.右边两根五色线一组，往左边弯折，放在中间两根红线之上。

14.左边两根红线一组，往右边弯折，放在两根五色线之上。

15.右边两根红线一组，往左边弯折，放在中间两根红线之上。

16.重复之前步骤做三股编，直到手绳接近手腕尺寸。

17.把左边一根五色线往右边折一下，使得五色线分开在红线两侧。

18.左边的五色线往右弯折，放在红线上方、右边五色线下方。

19.右边的五色线从红线下方穿过，在左边五色线做成的圈中穿出来。

20.左边的五色线往右弯折，放在红线下方、右边五色线上方。

21.右边的五色线从红线上方穿过，在左边五色线做成的圈中穿出来。

22.拉紧五色线，完成一个双向平结。

23.重复之前步骤，再编一个双向平结。

24.剪掉多余的五色线，并用打火机烧熔线头粘紧。

25.剩下四根红线，每两根组成一股线，两股线编一个双线纽扣结。

26.调整纽扣结的大小和位置。

27.剪掉多余的红线，并用打火机烧熔线头粘紧。

28.手绳"岁首"完成。

? 小贴士

1.如用硬一些的蜡线编制，此款手绳效果会更好。

2.三股编中间也可以加入串珠，把珠子穿在三股编花纹中间的交叉处就可以了。

静安

天下本无事，庸人自扰之

材料：A号玉线大红色2.5m

尺寸：手绳粗约4mm，样品适合15cm手腕

难度系数：★★☆☆☆

制作时间：1小时

双线纽扣结 P70

金刚结 P29

01.红线对折做一个双线纽扣结，预留扣圈约5mm。

02.紧靠纽扣结开始编金刚结。

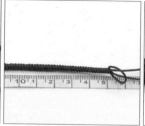

03.一直编金刚结直到手腕尺寸。

04.拉紧金刚结最后的线圈。

05.两线再编一个双线纽扣结。

06.调整纽扣结的位置，紧靠金刚结部分。

07.再编一个双线纽扣结。

08.调整纽扣结的位置，两个纽扣结中间留约1mm的空隙。

09.剪掉多余的线，并用打火机烧熔线头粘紧。

10.手绳"静安"完成。

? 小贴士

1. 初学者编金刚结时容易歪斜，须注意每次拉扯线圈时用力要均匀。

2. 结尾可以换用珠子代替纽扣结，也可以用蜡线编织，效果也很好。

锦里

晓看红湿处，花重锦官城

材料：A号玉线大红色2.5m，72号五色线1.5m

尺寸：手绳粗约4mm，样品适合15cm手腕

难度系数：★★☆☆☆

制作时间：1小时

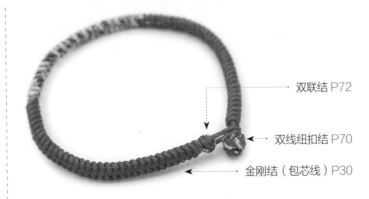

双联结 P72

双线纽扣结 P70

金刚结（包芯线）P30

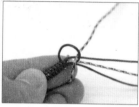

01.红线对折，做一个双联结。根据结尾的珠子或纽扣结大小预留扣圈。

02.五色线穿过扣圈对折，作为芯线，红线包裹五色线做包芯线金刚结。

03.编一段红色金刚结，约手腕直径的三分之一长。

04.换五色线做金刚结的圈。

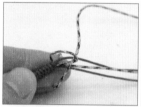

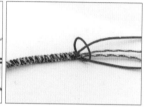

05.拉紧红线圈后，翻过来继续用五色线做圈，切记要把红线包裹进去，此时金刚结的编线换成了五色线。

06.编线与芯线互换后，有一边出现一个一半红色一半彩色的金刚结，这边可以作为手绳的反面。

07.继续用五色线编一段金刚结，长度约为手腕直径的三分之一。

08.用同样的方法换金刚结的编线，不同颜色的金刚结交接点要保持在同一边，这样可以把接痕都藏起来。

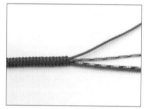

09.继续编到符合手腕长度，扯紧金刚结。

10.每一根红线和一根五色线合为一股线一起编结，两股线编一个双线纽扣结。

11.调整纽扣结的大小和位置，纽扣结和金刚结部分预留约1mm距离。

12.剪掉纽扣结的线，并用打火机烧熔线头粘紧。

13.手绳"锦里"完成。

❓ 小贴士

1. 开头的双联结也可以用蛇结代替，结尾的纽扣结可以用珠子代替。

2. 如果介意手绳的对称间距，可以在结尾时多加一个双联结再做扣子。

3. 可以用多种颜色编包芯线金刚结，想换颜色的时候，更换编线和芯线的位置就可以了。

路遥

步步似远离，回转若原地

材料：A号玉线大红色1.5m一根、
0.8m一根，72号五色线1.5m，
6mm红色玛瑙珠两个

尺寸：手绳粗约5mm，样品适合
15cm手腕

难度系数：★★☆☆☆

制作时间：1小时

平结（双向）P35

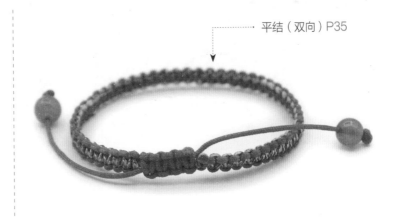

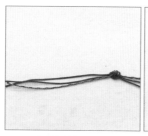

01.三根线左端预留约10cm，打一个松松的结。

02.短的红线居中作为芯线，左边红线向右弯折，放在芯线上方、五色线下方。

03.右边的五色线从芯线底下穿过，并穿出左边红线做成的圈。

04.拉紧之后，左边五色线向右弯折，放在中间芯线的下面、右边红线的上面。

05.右边的红线从芯线上面穿过，并穿出左边五色线做成的圈。

06.拉紧之后就做好了第一个平结。重复步骤02和03，做第二个平结。

07.重复步骤04和05。

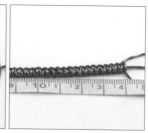

08.不断重复步骤02到05，直到平结编至接近手腕尺寸，拆开开头打的结。

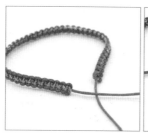

09.只留芯线，剪去多余的编线，并用打火机烧熔粘紧。

10.芯线如图摆放，取一根剪出来的红线放在两根芯线底下。

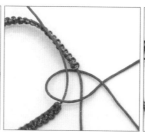

11.左边线向右弯折，放在两根芯线上方、右边线的下方。

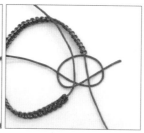

12.右边线从芯线底下穿过，并穿出左边红线做成的圈。

104

13.拉紧之后，左边线向右弯折，放在中间芯线的下面、右边红线的上面。

14.右边线从芯线上面穿过，并穿出左边红线做成的圈。

15.拉紧之后就做好了一个平结。

16.重复步骤11到15，一共编四个双向平结作为活扣。

17.剪掉多余的线，并用打火机烧熔线头粘紧。留大约4cm的芯线作为延长绳，两根延长绳上各自穿一个珠子并打结固定。

18.剪去多余的线，并用打火机烧熔线头粘紧。

19.手绳"路遥"完成。

❓ 小贴士

1. 如果需要做粗一点的手绳，可以把芯线换成粗线。

2. 活扣处的平结不宜编太紧，编完需要拉扯一下芯线，看看是否能顺利滑动。

3. 结尾的平结活扣约 1cm 长，因此编到离手腕尺寸还有 1cm 时就可以停止编结。

4. 如需改成固定扣子，只需对折芯线，预留合适大小的扣圈，结尾时用芯线穿珠或做纽扣结即可。

梦回

光阴易流转，晓梦难再回

材料：72号玉线大红色2m，72号
五色线1m

尺寸：手绳粗约4mm，样品适合
15cm手腕

难度系数：★★☆☆☆

制作时间：1小时

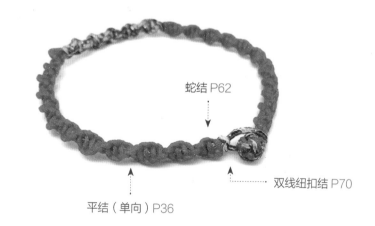

蛇结 P62

双线纽扣结 P70

平结（单向）P36

01.五色线对折，下方线往后弯折，包裹上方线做圈。

02.上方线绕左手食指一圈并穿过竖立的线圈。

03.拉紧蛇结，并调整预留约5mm线圈。

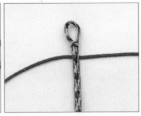

04.红线取中间点，放在五色线下方。

05.左边红线往右弯折，放在五色线上方、右边红线下方。

06.右边红线往左弯折，穿过五色线下方，从左边红线圈中穿出。

07.拉紧之后，重复步骤05。

08.重复步骤06。

09.拉紧之后是两个单向平结。

10.重复之前步骤，编出螺旋形的单向平结。

11.红色单向平结部分编到约6cm长。

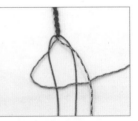

12.换用五色线做编线，红线做芯线。左边五色线往右弯折，放在红线上方、右边五色线下方。

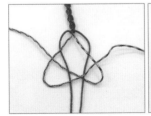

13.右边五色线往左弯折，穿过红线下方，从左边五色线圈中穿出。

14.重复步骤12。

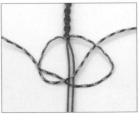

15.重复步骤13。

16.五色线部分的单向平结尽量拉紧，靠近红色部分。

17.五色线单向平结部分约编
3cm长。

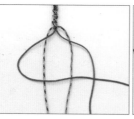

18.再次互换编线和芯线。左
边红线往右弯折，放在五色线
上方、右边红线下方。

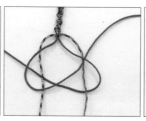

19.右边红线往左弯折，穿过
五色线下方，从左边红线圈中
穿出。

20.重复步骤05。

21.重复步骤06。

22.红色单向平结部分尽量拉
紧，靠近五色线部分。

23.编到长度接近手腕尺寸。

24.每一根五色线和一根红线
为一组，两组线一起编一个双
线纽扣结。

25.调整纽扣结的位置。

26.剪掉多余的线，并用打火
机烧熔线头粘紧。

27.手绳"梦回"完成。

❓ 小贴士

1.编单向平结时，每次编结不能苛求平整，拉紧绳结，让其自然旋转即可。

2.结尾的纽扣结可以用珠子代替。

宝通

佛宝无觅处，抬头尽通明

材料：A号玉线大红色1.5m，72
号五色线1.5m

尺寸：手绳粗约5mm，样品适合
15cm手腕

难度系数：★★☆☆☆

制作时间：1小时

蛇结 P62

双线纽扣结 P70

01.红线对折编一个蛇结，预留约7mm线圈。

02.五色线穿过线圈对折，挂在红色蛇结上。

03.五色线也编一个蛇结固定。

04.五色线继续编三个蛇结，每个蛇结尽量紧靠在一起。

05.上方红线压上方五色线，下方红线挑下方五色线，两根红线编一个蛇结。

06.调整好第一个蛇结位置后，红线继续再编三个蛇结。

07.上方五色线压上方红线，下方五色线挑下方红线，两根五色线编一个蛇结。

08.调整好第一个蛇结位置后，五色线继续再编三个蛇结。

09.重复步骤05和06，注意每次换线编蛇结时挑压方向一致。

10.反复编交替的蛇结，直到手绳接近手腕尺寸。

11.五色线包裹红线做三个包芯线金刚结，固定绳尾。

12.每一根五色线和一根红线为一组，两组线一起编一个双线纽扣结。

13.调整纽扣结的位置。

14.剪掉多余的线，并用打火
机烧熔线头粘紧。

15.手绳"宝通"完成。

❓ 小贴士

1. 由于不同品牌编织线的尺寸有细微差别，开始预留扣圈前，最好先编一个结尾的扣子测试大小是否合适。

2. 每段不同颜色的蛇结之间，不宜拉扯太紧，留有适当长度的线，整根手绳才能平整。

3. 蛇结比金刚结容易调整位置，缺点是容易变形。如果金刚结编得很熟练，能把金刚结位置控制好，此手绳可换用金刚结编，更不易变形。

莫愁

喜怒哀乐，四时轮转
人生百味，波澜不惊

材料：72号玉线大红色2m两根，
72号五色线1m

尺寸：手绳每根粗约2mm，样品
适合15cm手腕

难度系数：★★☆☆☆

制作时间：1小时

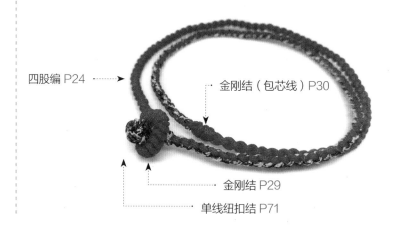

四股编 P24

金刚结（包芯线）P30

金刚结 P29

单线纽扣结 P71

01.两根红线从中间开始编约2cm长的金刚结。

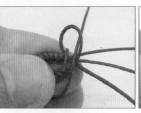

02.把金刚结段弯折成圈，用较长的两根红线包裹较短的两根红线做包芯线金刚结。

03.初步固定扣圈时可以先测试下大小是否合适，然后继续编包芯线金刚结固定。

04.编三个包芯线金刚结固定扣圈。

05.把编线竖直，编四股编。外侧红线往中间弯折做一个交叉（如图）。

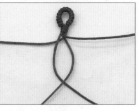

06.再换外侧红线往中间做一个交叉（如图）。

07.重复步骤05。

08.反复编四股编，注意每次编时需拉紧编线。

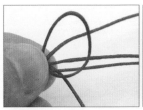

09.编到接近手腕尺寸时，左手捏紧编好的四股编部分，右手取一根红线包裹另外三根线绕一圈。

10.另外一根红线绕左手食指一圈，并穿过竖直的红线圈，做包芯线金刚结。

11.编三个包芯线金刚结固定绳尾。

12.剪去较短的两根红线，并用打火机烧熔线头粘紧。

13.在红线中间夹入对折五色线，再次把编线竖直，红线夹住五色线做一个交叉（如图）。

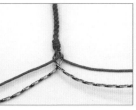

14.外侧五色线往中间做一个交叉（如图）。

15.外侧红线往中间做一个交叉（如图）。

16.反复编四股编，注意每次编时需拉紧编线。

17.编到接近手腕尺寸时，左手捏紧编好的四股编部分，右手取五色线包裹红线做包芯线金刚结。

18.编三个包芯线金刚结固定绳尾。

19.剪掉多余的红线，并用打火机烧熔线头粘紧。余下的五色线，两根一起编，做一个单线纽扣结。

20.注意单线纽扣结最后的穿线走向。

21.把单线纽扣结拢成球形，再慢慢抽紧线，把形状先确定。

22.然后调整纽扣结位置。

23.剪掉多余的线，并用打火机烧熔线头粘紧。

24.手绳"莫愁"完成。

❓ 小贴士

1. 由于不同品牌编织线的尺寸有细微差别，开始预留扣圈前，最好先编一个结尾的扣子测试大小是否合适。

2. 四股编用细线编更显精致，熟悉编法后可以尝试用更细的编线做类似款式的手绳。

3. 结尾时如果红线和五色线长度都足够，可以换用双线纽扣结做结尾。

鸿竹

鸿渐于陆，竹报平安

材料：A号玉线大红色2m，72号五色线1m

尺寸：手绳粗约5mm，样品适合15cm手腕

难度系数：★★☆☆☆

制作时间：2小时

雀头结 P54

金刚结（包芯线）P30

单线纽扣结 P71

01.取五色线中点，红线左端预留10cm长度，用右端线编一个雀头结。

02.红线往右编九个雀头结。

03.把雀头结段弯成圈，红线包裹五色线做包芯线金刚结。

04.红线编三个包芯线金刚结，固定扣圈。

05.剪去短的红线，并用打火机烧熔线头粘紧。

06.把线圈放在上方，编线在下方，红线绕右边五色线做圈，编雀头结。

07.红线继续绕右边五色线做雀头结第二步。

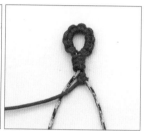

08.拉紧雀头结。

09.红线绕左边五色线做圈，编雀头结。

10.红线继续绕左边五色线做雀头结第二步。

11.拉紧左边的第二个雀头结后，重复步骤06到08，在右边五色线上编第三个雀头结。

12.重复步骤09和10，在左边五色线上编第四个雀头结。

13.红线轮流在左右两根五色线上编雀头结，注意把雀头结都拉紧靠近中间。

14.一直编到手绳接近手腕尺寸。

15.剪去红线，并用打火机烧熔线头粘紧。

16.两根五色线一起作一股线用，编一个单线纽扣结。

17.调整单线纽扣结形状。

18.把左边的线慢慢移动到右边，调整单线纽扣结位置。

19.剪掉多余的线，并用打火机烧熔线头粘紧。

20.手绳"鸿竹"完成。

? 小贴士

1. 由于不同品牌的线材粗细略有区别，最好先做一个结尾的纽扣，再决定开头扣圈需要几个雀头结。

2. 编手绳时可以用夹子把扣圈部分固定在硬板上，这样编织时容易保持雀头结排列整齐。

吉庆

福寿双全，吉庆有余

材料：A号玉线大红色3m，72号
五色线3m

尺寸：手绳粗约5mm，样品适合
15cm手腕

难度系数：★★☆☆☆

制作时间：2小时

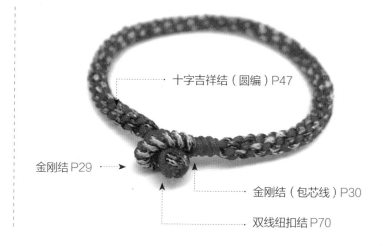

十字吉祥结（圆编）P47

金刚结 P29

金刚结（包芯线）P30

双线纽扣结 P70

01.两根线从中间开始编金刚结约2cm。

02.把金刚结段弯折成圈,左手捏紧,右手用红线包裹其他线绕一圈。

03.另一根红线绕左手食指一圈,并穿过竖立的红线圈,编包芯线金刚结。

04.拉紧竖直的红线圈。

05.上下翻转,再次用一根红线绕左手食指一圈,并穿过竖立的红线圈,编包芯线金刚结。

06.拉紧竖直红线圈,再次翻转,此时金刚结扣圈初步固定,可测试大小是否合适。

07.继续编两个包芯线金刚结固定好扣圈。

08.把四根编线分开成"十"字形,竖直方向是红线,水平方向是五色线。

09.上方红线往右下弯折,放在右边五色线上。

10.右方五色线向左弯折,放在下方红线上。

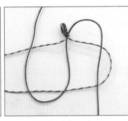

11.下方红线往上弯折,放在左边五色线上。

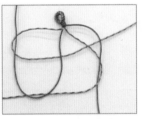

12.左边五色线往右弯折,并穿过步骤09红线折成的圈。

13.拉紧四根线,做好一个十字吉祥结。

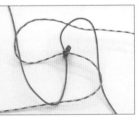

14.重复步骤09到12。

15.连续编十字吉祥结,呈现螺旋花纹。

16.编到手绳接近手腕尺寸。

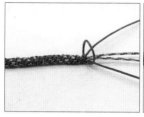
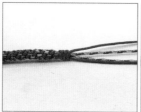
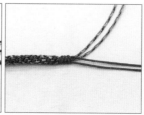

17.用两根红线包裹五色线做包芯线金刚结。

18.编三个包芯线金刚结固定绳尾。

19.两根五色线为一组，两根红线为一组。

20.两组线编一个双线纽扣结。

21.调整纽扣结形状和位置。

22.剪掉多余的线，并用打火机烧熔线头粘紧。

23.手绳"吉庆"完成。

❓ 小贴士

1. 十字吉祥结容易拉扯变长，编结时中间加入芯线则可固定长度。

2. 在确定扣圈大小前，最好先编一个结尾的扣子测试一下。

3. 如果改变编线的排列，出现的花纹会略有不同，如下图：

玲珑

八面玲珑，四方吉祥

材料：A号玉线大红色1m两根，72号五色线1m两根

尺寸：手绳粗约4mm，样品适合15cm手腕

难度系数：★★★★☆

制作时间：2小时

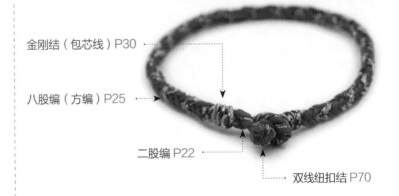

金刚结（包芯线）P30

八股编（方编）P25

二股编 P22

双线纽扣结 P70

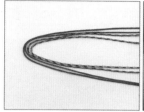

01.四根线对折取中间段。

02.四根线一起拧，让四根线扭成一股。

03.把扭好的一段对折，绳体自然缠绕成麻花状。

04.继续把两端的线拧紧，缠成二股编。

05.二股编做两三转就够了，用其中两根五色线做包芯线金刚结，固定所有线。

06.做好三个包芯线金刚结后，把编线竖直如图排列，八根编线左右对称。

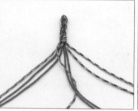

07.左边最外侧五色线往右弯折，包裹右边最靠中间的两根红线，再折回左边。

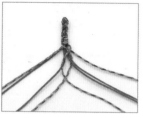

08.右边最外侧五色线往左弯折，包裹左边最靠中间的红线和五色线，再折回右边。

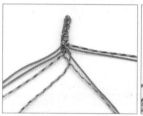

09.左边最外侧五色线往右弯折，包裹右边最靠中间的红线和五色线，再折回左边。

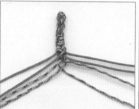

10.右边最外侧五色线往左弯折，包裹左边最靠中间两根五色线，再折回右边。

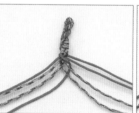

11.左边最外侧红线往右弯折，包裹右边最靠中间的两根五色线，再折回左边。

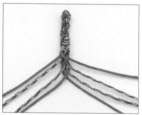

12.右边最外侧红线往左弯折，包裹左边最靠中间的红线和五色线，再折回右边。

13.左边最外侧红线往右弯折，包裹右边最靠中间的红线和五色线，再折回左边。

14.右边最外侧红线往左弯折，包裹左边最靠中间的两根红线，再折回右边。

15.重复步骤07到14，注意每次编时要把编线扯紧。

16.一直重复编八股编，直到接近手腕长度。

17.用靠外侧的两根五色线，包裹其他线做包芯线金刚结。

18.编四个包芯线金刚结固定绳尾。

19.剪去金刚结的编线和另外两根红线，并用打火机烧熔线头粘紧。

20.每一根五色线和一根红线为一组，两组线一起编一个双线纽扣结。

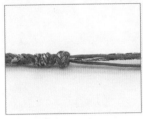

21.调整纽扣结形状和位置。

22.剪掉多余的线，并用打火机烧熔线头粘紧。

23.手绳"玲珑"完成。

 小贴士

1.编八股编时，用夹子夹住编线上方，既可以提高速度，也容易用力均匀。

2.改变八根线开始的排列顺序，会编出不同的花纹。

3.二股编做的扣圈，使用时需要反方向扭开二股编部分，扣圈才会出现，而扣上之后可以再顺着扭一下，让其更服帖。

逢源

四方八面，左右逢源

材料：72号玉线大红色1.1m三根，72号五色线1.1m两根

尺寸：手绳粗约4mm，样品适合15cm手腕

难度系数：★★★★☆

制作时间：2小时

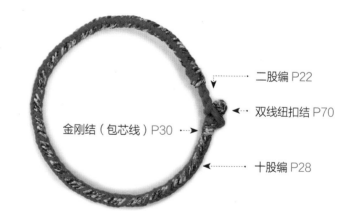

二股编 P22

双线纽扣结 P70

金刚结（包芯线）P30

十股编 P28

01.取三根红线中段，把三根线拧紧。

02.把拧紧的部分往中间弯折，自然缠绕成麻花状。

03.继续把三根线的两端往同一个方向拧，然后互相缠绕成二股编。

04.二股编做好三到四个麻花卷，用左手捏紧。

05.右手取一根五色线，取中段压在红线下方，五色线包裹红线做包芯线金刚结。

06.翻过来继续再编一个金刚结。

07.拉紧包芯线金刚结。

08.重复步骤05到07，把第二根五色线也加到编线里去。

09.把编线竖直，并整理排列顺序。四根五色线和一根红线放在左方，另外五根红线放在右方。

10.左边最外侧五色线往右弯折，包裹右边最靠中间的三根红线，再折回左边。

11.右边最外侧红线往左弯折，包裹左边最靠中间的红线和两根五色线，再折回右边。

12.左边最外侧五色线往右弯折，包裹右边最靠中间的三根红线，再折回左边。

13.右边最外侧红线往左弯折，包裹左边最靠中间的红线和两根五色线，再折回右边。

14.左边最外侧五色线往右弯折，包裹右边最靠中间的三根红线，再折回左边。

15.右边最外侧红线往左弯折，包裹左边最靠中间的三根五色线，再折回右边。

16.左边最外侧五色线往右弯折，包裹右边最靠中间的三根红线，再折回左边。

17.右边最外侧红线往左弯折，包裹左边最靠中间的三根五色线，再折回右边。

18.左边最外侧红线往右弯折，包裹右边最靠中间的三根红线，再折回左边。

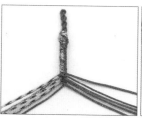

19.重复步骤10到18，注意每次编都要把线均匀拉紧。

20.反复编十股编，直到手绳接近手腕尺寸。

21.取外侧一根红线和五色线，包裹其他线做包芯线金刚结。

22.做三个包芯线金刚结固定绳尾。

23.剪去多余的红线，并用打火机烧熔线头粘紧。

24.余下的四根五色线，两根一组，编一个双线纽扣结。

25.调整纽扣结形状和位置。

26.剪掉多余的线，并用打火机烧熔线头粘紧。

27.手绳"逢源"完成。

❓ 小贴士

1. 编十股编时，用夹子夹住编线上方，既可以提高速度，也容易用力均匀。

2. 改变十根线开始的排列顺序，会编出不同的花纹。

3. 如果用的编线比较细，也可以五根编线一起拧二股编开头，用包芯线金刚结固定扣圈部分即可。

丰澄

心若丰盈，念之澄净

材料：72号玉线大红色1.5m四根，72号五色线5m，6mm红色玛瑙珠一个

尺寸：手绳粗约15mm，样品适合15cm手腕

难度系数：★ ★ ★ ☆ ☆

制作时间：4小时

斜卷结（左向）P57

斜卷结（右向）P58

蛇结 P62

雀头结 P54

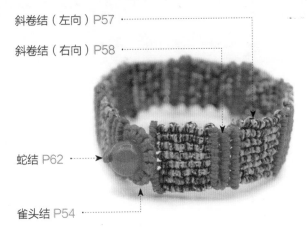

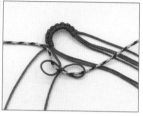

01.三根红线取中间点，另一根红线对折，包裹三根线做一个雀头结。

02.继续往两端编雀头结，一共编十个雀头结。

03.把雀头结部分弯折，五色线放在红线上，最左边的红线做一个右斜卷结。

04.左边第二根红线同样做一个右斜卷结。

05.雀头结左段的四根红线都通过斜卷结固定在五色线上。

06.继续以五色线为芯线，雀头结右段最靠中间的红线编一个右斜卷结。

07.尽量拉紧这个斜卷结，使得雀头结部分弯折成圈。

08.余下的红线依次在五色线上编右斜卷结。

09.移动五色线，左端只留约3cm，然后把五色线向左折回，最右方的红线做一个左斜卷结。

10.余下的红线依次在五色线上编左斜卷结。

11.五色线向右折回，最左边的红线做一个右斜卷结。

12.余下的红线依次在五色线上编右斜卷结。

13.编好三排红色斜卷结后，换用五色线做编线，以最右边的红线为芯线，编一个右斜卷结。

14.五色线依次在每一根红线上编斜卷结。

15.编完一排后，五色线以最左边的红线为芯线，编一个左斜卷结。

16.拉紧这个斜卷结，尽量让这个斜卷结靠紧上面一排结。

17.五色线依次在每一根红线上编左斜卷结。

18.五色线再次从右到左依次在每一根红线上编右斜卷结。

19.换用五色线为芯线，最左边的红线编一个右斜卷结。

20.余下的红线依次在五色线上编右斜卷结。

21.把五色线向左折回，最右方的红线做一个左斜卷结。

22.余下的红线依次在五色线上编左斜卷结。

23.五色线向右折回，最左边的红线做一个右斜卷结。

24.余下的红线依次在五色线上编右斜卷结。

25.重复之前步骤，红线编三排斜卷结，就换五色线编四排斜卷结，直到长度接近手腕尺寸。

26.只留中间两根红线，其余的红线都剪去，并用打火机烧熔线头粘紧。

27.两根红线穿过珠子，打一个蛇结固定。

28.剪掉多余的线，并用打火机烧熔线头粘紧。

29.手绳"丰澄"完成。

1. 此款手绳的五色线用量较多，在编织时可把过长的线绕成一卷，减少穿线时间，如下图所示。

2. 假如编结过程中线不够长，可以按下图所示接线。

①尽量把五色线断开的地方藏在红色斜卷结里。

②剪去短的五色线并用打火机烧熔线头粘紧，另取一根五色线重新在红线上编斜卷结。

③编好一排斜卷结，尽量编得紧一些。

④剪去左方短的五色线，并用打火机烧熔线头粘紧。

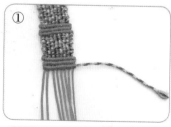

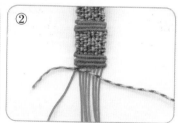

碧桃

桃之夭夭，灼灼其华

材料：A号玉线大红色2m，72号五色线2m

尺寸：手绳粗约7mm，样品适合15cm手腕

难度系数：★★★★☆

制作时间：2小时

桃花结 P55

雀头结 P54

双线纽扣结 P70

金刚结（包芯线）P30

01.两线取中间点，红线对折做一个雀头结挂在五色线上。

02.红线往左右两边各编四个雀头结，一共编九个雀头结。

03.把雀头结段弯折成圈，红线包裹五色线做包芯线金刚结固定。

04.连续编三个包芯线金刚结。

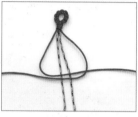
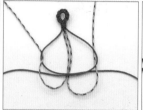

05.扣圈置于上方，编线置于下方，两边红线分别向左右弯折放在五色线上方，中间重合一段。

06.如图，左右五色线各自穿过上方红线做成的圈。

07.拉紧所有线，完成桃花结第一片花瓣。

08.右边五色线在红线上编一个雀头结。

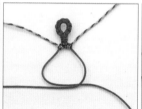

09.拉紧右边雀头结，左边五色线也编一个雀头结。

10.拉紧左边雀头结，完成桃花结三片花瓣，红线继续交叉成圈。

11.如步骤06，左右五色线各自穿过上方红线做成的圈。

12.拉紧所有线，完成桃花结最后一片花瓣。

13.重复步骤08到10，继续编桃花结。

14.重复步骤11和12，完成第二个桃花结。

15.用红线包裹五色线做两个包芯线金刚结，先不要拉紧。

16.换用五色线做圈，拉紧红线圈，继续编金刚结。

17.接着还是用五色线做圈编
金刚结。

18.现在金刚结的编线已经换
成五色线了，继续再编一个包
芯线金刚结。

19.拉紧五色线，现在变成红线
做芯线，五色线靠外面做编线。

20.再次把扣圈置于上方，两
边五色线分别向左右弯折置于
红线上，中间重合一段。

21.如图，左右红线各自穿过
上方五色线做成的圈。

22.拉紧所有线，完成桃花结
第一片花瓣。

23.右边红线在五色线上编一
个雀头结。

24.拉紧右边雀头结，左边红
线也编一个雀头结。

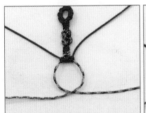

25.拉紧左边雀头结，完成桃
花结三片花瓣，五色线继续交
叉成圈。

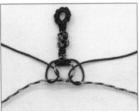

26.如步骤21，左右红线各自
穿过上方五色线做成的圈。

27.拉紧所有的线，完成桃花
结最后一片花瓣。

28.重复步骤23到25，继续编
红色桃花结。

29.重复步骤26和27，完成第
二个桃花结。

30.重复步骤23到27，继续编
两个桃花结。

31.用五色线包裹红线编包芯
线金刚结。

32.编两个金刚结后，换用红
线做圈，拉紧五色线。

133

33. 继续换红线做圈，把金刚结的编线换成红线。

34. 红线金刚结编两个就拉紧，此时金刚结的芯线换成了五色线。

35. 重复步骤05到14，五色线编两个桃花结。

36. 重复步骤15到19，用包芯线金刚结固定桃花结，并通过金刚结的换线，把芯线和编线位置互换。

37. 重复步骤20到30，用红线编四个桃花结。

38. 重复步骤31到34，用包芯线金刚结固定桃花结，并通过金刚结的换线，把芯线和编线位置互换。

39. 重复编不同颜色的桃花结，直到手绳接近手腕尺寸。

40. 继续用步骤31到34的方法，用包芯线金刚结固定桃花结。

41. 四根线两两分组，每组线包含一根红线和一根五色线，每组线当成一股编线一起编结，用两股线编一个双线纽扣结。

42. 调整纽扣结形状与位置。

43. 剪掉多余的线，并用打火机烧熔线头粘紧。

44. 手绳"碧桃"完成。

 小贴士

1. 此款手绳看似步骤繁多，其实并不难掌握，中间利用了金刚结换线的技巧，使得桃花结的颜色变化多端。

2. 桃花结中间还可以增加小珠子当花心。

第四章

清新简约
手　　绳

莲生

心至无念处，莲华处处生

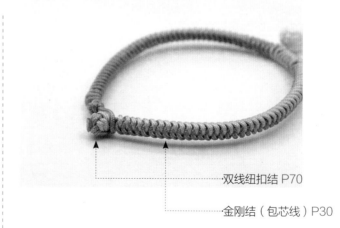

材料：A号玉线抹茶绿2.2m，A
号玉线粉红色2.2m，莲花白贝珠
8mm一个，6股金线10cm

尺寸：手绳粗约5mm，样品适合
15cm手腕

难度系数：★ ★ ☆ ☆ ☆

制作时间：1.5小时

双线纽扣结 P70

金刚结（包芯线）P30

01.绿线对折编一个双线纽扣结，预留约8mm线圈。

02.粉线对折，半段粉线和其中一根绿线一起打个松松的结。

03.左手捏住扣圈部分和所有的线，没有打结的绿线和粉线作为编线，先用绿线从前往后包裹所有的线做圈。

04.粉线绕左手食指一圈，并穿过绿线圈。

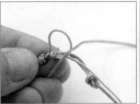

05.把结体翻转，用绿线绕左手食指一圈，并穿过粉线圈。

06.拉紧粉线圈，但注意不要把粉线对折的地方拉松。

07.重复之前步骤，没打结的粉线和绿线编包芯线金刚结，并把金刚结移动到靠紧纽扣结的地方。

08.认清编线后，拆开步骤02打的结，继续编包芯线金刚结至6.5cm。

09.换用绿线做包芯线金刚结的编线。

10.绿线编五个包芯线金刚结，先不要拉紧。

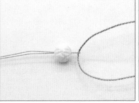

11.用串珠钢丝拉着金线穿过珠子。

12.穿过珠子后留下左边的线圈，去掉串珠钢丝。

13.绿线穿过金线圈。

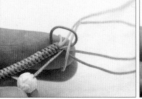

14.换用粉线做包芯线金刚结的编线，用粉线绕左手食指一圈并穿过绿线圈。

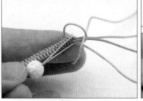

15.把结体翻转，粉线圈竖直，注意把金线圈挂在粉线圈的左侧，再用粉线绕左手食指一圈并穿过粉线圈。

16.拉紧粉线圈，在粉色金刚结和绿色金刚结之间固定金线圈。

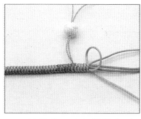 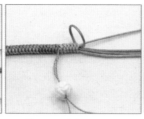  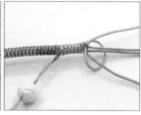

17.粉线编五个包芯线金刚结，先不要拉紧。

18.换用一根较长的绿线做包芯线金刚结的线圈，并拉紧粉线圈。

19.再用一根较长的粉线做包芯线金刚结的线圈，并拉紧绿线圈。

20.现在包芯线金刚结的编线改成两根较长的线。

21.继续用绿线和粉线编包芯线金刚结直到手绳接近手腕尺寸。

22.两根粉线为一组，两根绿线为一组，两组线编一个双线纽扣结。

23.调整纽扣结的形状和位置。

24.剪掉多余的粉线和绿线，并用打火机烧熔线头粘紧。

25.收紧金线圈，并在珠子下方打一个结固定珠子位置。

26.剪去多余金线，只留约2mm的长度，让其自然散开成流苏。手绳"莲生"完成。

小贴士

1. 步骤18和19的换线要选用较长的线作为最后部分的编线，不然可能无法完成。

2. 中间挂珠子的步骤，也可以简化为编完手绳后直接挂上吊坠。

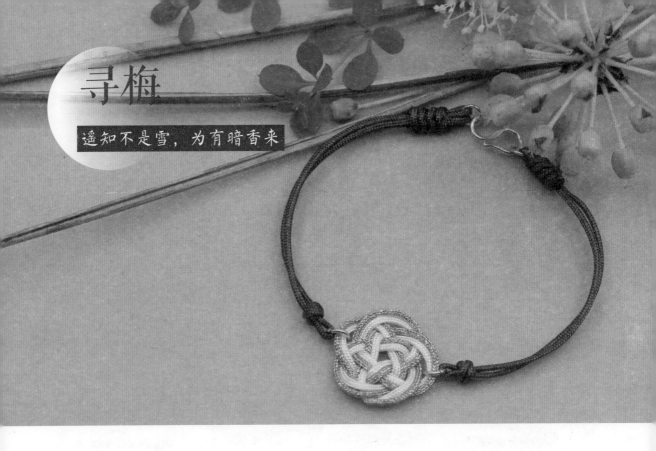

寻梅

遥知不是雪，为有暗香来

材料：A号玉线米白色0.5m，A号
玉线棕色0.5m两根，芊绵A号金
线0.5m，金色连结圆环两个，金
色S扣一套

尺寸：手绳中间装饰结约15mm，
样品适合15cm手腕

难度系数：★★☆☆☆

制作时间：1小时

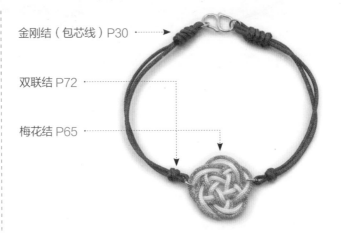

金刚结（包芯线）P30

双联结 P72

梅花结 P65

01.用金线编一个梅花结，先不拉紧。

02.白线沿着金线的内侧走线，做第二层梅花结。

03.调整梅花结，稍微拉紧一些。

04.剪去多余的白线和金线，余下一点点线头用胶水粘紧线头成圈。

05.用镊子轻轻调整梅花结形状，把线头连接处移到隐蔽处。

06.调整好后，在梅花结两边加上金色圆环。

07.棕线各自穿过圆环对折，打一个双联结。

08.右端线穿过S扣的圈，双联结和S扣距离约6cm。

09.棕线翻折，包裹自身做包芯线金刚结。

10.做四个包芯线金刚结后拉紧。

11.手绳的另一端重复步骤09和10，剪掉多余的线，并用打火机烧熔线头粘紧。

12.手绳"寻梅"完成。

🅿️ 小贴士

1. 金线不太容易用火烧粘，所以此手绳采用了胶水黏合。

2. 步骤03需要把梅花结调整得稍微紧一些，因为后面粘线头时需要一些线，粘好之后再把线慢慢移动进梅花结。粘好线头后可以把连接处藏在梅花结线圈交叠的地方，再用胶水固定结体。

樱歌

風緊花易皺，春短歌莫遲

材料：A号玉线粉红色0.5m一根、
2.5m一根，A号玉线浅灰色0.5m
一根、2.5m一根，A号玉线米白色
0.5m一根、2.5m一根，3mm小
银珠若干，1.5cm缎带夹一对，龙
虾钩和延长链一套

尺寸：手绳粗约1.5mm，样品适合
15cm手腕

难度系数：★★☆☆☆

制作时间：2小时

平结（双向）P35

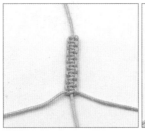

01.短粉红线为芯线，长粉红线做编线，编一段双向平结。

02.芯线穿过一个小银珠。

03.编线继续往下编平结，注意把小银珠包裹好。

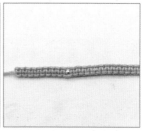

04.再编一段平结，芯线再穿一个小银珠。

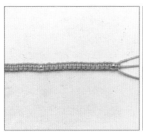

05.编线继续往下编平结，注意把小银珠包裹好。

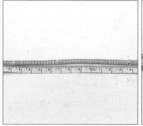

06.一共包三个小银珠，平结段约编16cm。

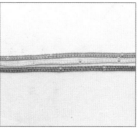

07.按照同样的编法，浅灰线和米白线各编一段平结。

08.把平结开头一端剪去芯线，并用打火机烧熔线头粘紧。

09.用尖嘴钳加上缎带夹固定三段平结一端。加上龙虾钩。

10.以三段平结为编线，做三股编。粉红平结往左弯，放在米白平结上、浅灰平结下。

11.米白平结往左弯，放在浅灰平结上。

12.粉红平结往右弯，放在米白平结上。

13.重复之前步骤，平结段编三股编到手腕尺寸。

14.整理平结段，必要时可以拆掉一些或者再编一些，让三段平结整齐。剪去多余的线，并用打火机烧熔线头粘紧。

15.用尖嘴钳加上缎带夹固定三段平结另一端，加上延长链。

16.手绳"樱歌"完成。

？ 小贴士

　　由于平结段编三股编时可能会各自遮挡，可以先编一小段三种颜色的平结，夹紧开头后，一路编一路加小银珠，保证小银珠部分不会被遮住。

紫薇

盛夏绿遮眼，何处紫仙来

材料：日本扁蜡线1.2m四根，粉
色玉髓珠子6mm和8mm各一个，
2mm小金珠两个

尺寸：手绳粗约2mm，中间图案
宽约2cm，样品适合15cm手腕

难度系数：★ ★ ★ ☆ ☆

制作时间：2小时

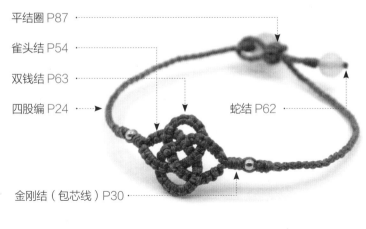

平结圈 P87

雀头结 P54

双钱结 P63

四股编 P24

蛇结 P62

金刚结（包芯线）P30

01.取一根线对折，在另一根线中间做一个雀头结。

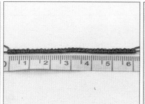

02.往两边继续编雀头结，约编6cm长的雀头结。

03.另外两根线同样编一段雀头结，把两段雀头结上端固定。

04.左段雀头结弯折一个圈放在右段雀头结上。

05.右段雀头结往上弯折，压左圈。

06.右段雀头结往右弯折，放在左段雀头结下方。

07.右段雀头结继续往右下穿，如图压左圈，挑右圈。

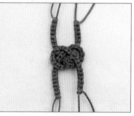

08.雀头结段编好一个双钱结，调整双钱结的形状。

09.把双钱结一端的两段雀头结用三个包芯线金刚结固定。

10.双钱结另一端也用三个包芯线金刚结固定。

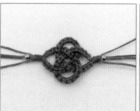

11.两端的芯线各自穿过一个小金珠。

12.两端的编线各编三个包芯线金刚结固定金珠。

13.右边四根编线做四股编。

14.四股编约编手腕尺寸一半即可，用三个包芯线金刚结固定绳尾。

15.左边的四根编线同样做四股编，并用包芯线金刚结收尾，但长度比右段四股编长约3cm。

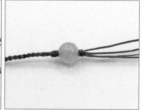

16.短的那段四股编，绳尾穿过一个8mm玉髓珠，并用包芯线金刚结固定。

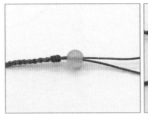

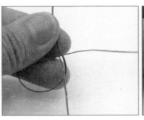
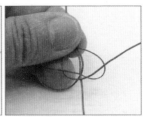

17.长的那段四股编，先剪掉两根线，再穿过一个6mm玉髓珠。

18.两根线分别做一个蛇结，固定小玉髓珠。剪掉多余的线，并用打火机烧熔线头粘紧。

19.取剪出来的两根线，一根绕一个圈，另一根放在线圈的两线重叠处下方。

20.包裹着线圈两线重叠处做双向平结的第一步。

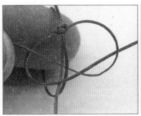
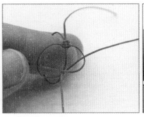

21.继续包裹着线圈两线重叠处做双向平结的第二步。

22.重复步骤20。

23.重复步骤21。

24.一直编双向平结约长1.5cm。

25.长段四股编折成一个圈，把平结圈套上。

26.收紧平结圈。

27.剪掉多余的线，并用打火机烧熔线头粘紧。

28.手绳"紫薇"完成。

小贴士

1.此款手绳的结尾活扣，通过平结圈调节手绳长度和扣圈大小，所以一定注意将平结圈收口处粘紧。

2.用蜡线做的手绳，佩戴久了会磨掉表面的蜡层，呈现出时间的光泽，这个过程称为"脱蜡"。

四月

杏花雨中，杨柳风里，
遇见最好的自己

材料：A号玉线粉红色1m两根、0.8m两根，71号玉线粉红色1m，0.5mm金色链条15cm，菱形切面金色珠子三个，4.5mm珍珠三个，2mm小金珠六个，金色开口圈两个，金色S扣一套

尺寸：团锦结花形直径约8mm，样品适合15cm手腕

难度系数：★★★☆☆

制作时间：2小时

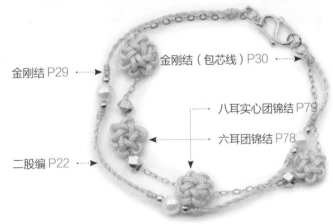

金刚结 P29

金刚结（包芯线）P30

八耳实心团锦结 P79

六耳团锦结 P78

二股编 P22

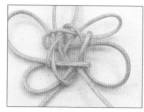

01.取较短的粉线，编一个六耳团锦结，不要拉紧。

02.左端结尾的线从右端结尾处穿入，穿过六耳团锦结，在顶上耳翼左方穿出。

03.金链条水平穿过六耳团锦结的中间。

04.拉紧六耳团锦结的每个绳套。

05.调整每个耳翼到最小，做成花形。

06.剪掉多余的线，并用打火机烧熔线头粘紧。

07.取较长的线，编一个八耳团锦结，不要拉紧。

08.左端结尾的线从右端结尾处穿入，穿过八耳团锦结的中心，在顶上耳翼左方穿出。

09.金链条先穿过菱形切面珠，再水平穿过八耳团锦结的中间。

10.拉紧八耳团锦结的每个绳套。

11.调整每个耳翼到最小，做成花形。

12.剪掉多余的线，并用打火机烧熔线头粘紧。

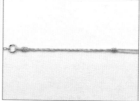

13.在金链条上做两个六耳团锦结、两个八耳团锦结，中间用菱形切面珠相隔。链条两端加上开口圈。

14.71号线穿过圆环对折，做三个金刚结。

15.做一段二股编，然后做三个金刚结固定。

16.两线依次穿过小金珠、珍珠，再穿一个小金珠。

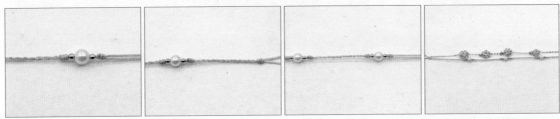

17.两线做三个金刚结固定珠子。

18.再做一段二股编，然后做三个金刚结固定。

19.重复步骤16和17。

20.重复之前步骤，最后一段二股编做到接近链条长度时先打一个蛇结简单固定。

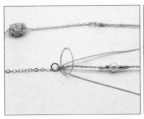

21.两线穿过另一个圆环后翻折，包裹自身做包芯线金刚结。

22.金刚结编至和蛇结紧密连接时，拉紧。

23.剪掉多余的线，并用打火机烧熔线头粘紧。加上S扣。

24.手绳"四月"完成。

？ 小贴士

1. 因为链条穿过绳结后摩擦力较大，不容易移动位置，所以编团锦结时注意要在合适的位置拉紧结体。

2. 用镊子调整团锦结会比较方便。

简爱

说过多少爱，
不过是一颗为之雀跃的心

材料：3股星光股线大红色20cm
一根、30cm六根，金色小圈一
个，细金链条15cm，金色S扣一套
尺寸：心形挂件宽约8mm，样品
适合15cm手腕
难度系数：★ ★ ★ ☆ ☆
制作时间：1小时

雀头结 P54

金刚结（包芯线）P30

斜卷结（左向）P57

斜卷结（右向）P58

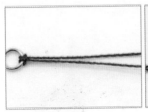

01.把20cm的线对折，穿过金色小圈做一个雀头结。

02.30cm线以对折的两根线为中轴芯线，做一个右斜卷结。

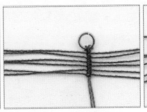

03.另外的五根线同样做右斜卷结，固定在中轴芯线上。注意两端的长度大致对称，每个斜卷结要靠紧彼此。

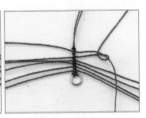

04.把小圈放在下方，右边六根线先编，最上面一根线往下弯折作为芯线，第二根线绕芯线做左斜卷结第一个圈。

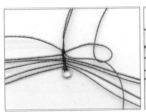

05.拉紧第一个圈后，第二根线继续绕芯线做左斜卷结第二个圈。

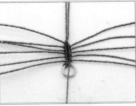

06.余下的四根线同样在芯线上编左斜卷结，右边第一排五个斜卷结完成。

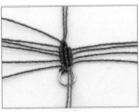

07.右边最上面一根线往下弯折做芯线，其余四根线在芯线上再编一排左斜卷结。

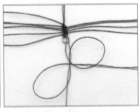

08.右边第一排斜卷结的芯线作为编线，在第二排斜卷结的芯线上编一个左斜卷结。

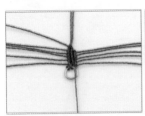

09.拉紧之后，右边第二排五个斜卷结完成。

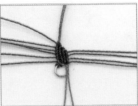

10.右边最上面一根线往下弯折做芯线，其余四根线在芯线上再编一排左斜卷结。

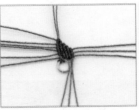

11.右边最上面一根线往下弯折做芯线，其余三根线在芯线上再编一排左斜卷结。

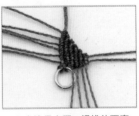

12.右边最上面一根线往下弯折做芯线，其余两根线在芯线上再编一排左斜卷结。

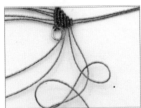

13.芯线往左弯折，原来竖向的三根芯线做编线，在芯线上编左斜卷结。

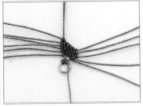

14.编完三个斜卷结，右边的编结呈现半个倒过来的心形。

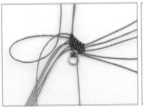

15.换左边最上面一根线往下弯折做芯线，第二根线绕芯线做右斜卷结第一个圈。

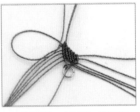

16.拉紧第一个圈后，第二根线继续绕芯线做右斜卷结第二个圈。

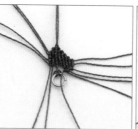
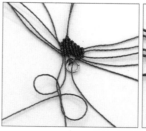
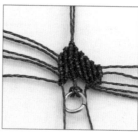

17.余下的四根线同样在芯线上编右斜卷结，左边第一排五个斜卷结完成。

18.左边最上面一根线往下弯折做芯线，其余四根线在芯线上再编一排右斜卷结。

19.左边第一排斜卷结的芯线作为编线，在第二排斜卷结的芯线上，编一个右斜卷结。

20.拉紧之后，左边第二排五个斜卷结完成。

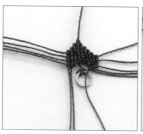
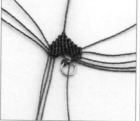
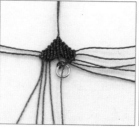
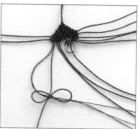

21.左边最上面一根线往下弯折做芯线，其余四根线在芯线上再编一排右斜卷结。

22.左边最上面一根线往下弯折做芯线，其余三根线在芯线上再编一排右斜卷结。

23.左边最上面一根线往下弯折做芯线，其余两根线在芯线上再编一排右斜卷结。

24.芯线往右弯折，原来竖向的三根线做编线，在芯线上编右斜卷结。

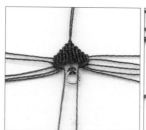

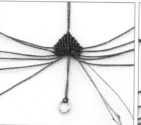
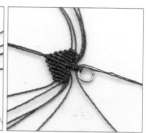

25.编完三个斜卷结，整个心形开始成型。

26.把心形沿着中轴芯线往上移动一些，最靠中间的竖向两根线，左边线绕中轴芯线做一个左斜卷结，右边线绕中轴芯线做一个右斜卷结。

27.最后两个斜卷结尽量拉紧些。

28.最后两个斜卷结的编线，包裹中轴芯线做几个包芯线金刚结。

29.剪掉多余的线，并用打火机烧熔线头粘紧。心形挂件完成。

30.取多余的线，穿过金色链条后，对折穿过S扣的圆圈。

31.翻折后包裹自身做几个包芯线金刚结。

32.金刚结部分和链条部分紧密连接后，拉紧金刚结。

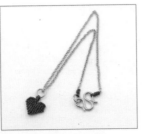

33.穿过心形挂件，用多余的线按照之前步骤，把链条和S扣的另一端固定。剪掉多余的线，并用打火机烧熔线头粘紧。

34.手绳"简爱"完成。

❓ 小贴士

1. 用细线编织才能呈现精致效果，不建议用粗线编织这款手绳。

2. 烧熔线头的时候一定要小心，火不能大，否则容易烧焦。

3. 也可以用细线编手环部分，代替金色链条。

暖山

红日惜别去，青山知暖意

材料：A号玉线米白色1.5m，A号玉线灰蓝色2m，A号玉线棕色1.5m

尺寸：手绳粗约5mm，样品适合15cm手腕

难度系数：★ ★ ★ ☆ ☆

制作时间：2小时

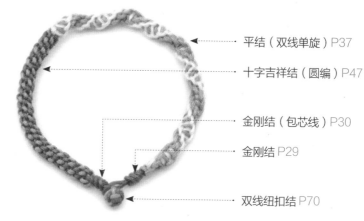

平结（双线单旋）P37

十字吉祥结（圆编）P47

金刚结（包芯线）P30

金刚结 P29

双线纽扣结 P70

01.棕线对折编三个金刚结，预留0.8cm线圈作为扣圈。

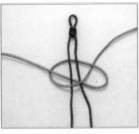

02.取灰蓝线中点，以棕线为芯线，做一个单向平结。

03.紧靠灰蓝色平结下方，同样用米白线做一个单向平结。

04.此时灰蓝线和米白线都固定在棕线上。

05.把两根灰蓝线都放在米白线的下方，包裹棕线做一个单向平结。

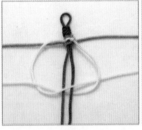

06.两根米白线保持放在灰蓝线的上方，包裹棕线做一个单向平结。

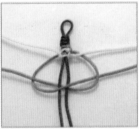

07.重复步骤05。

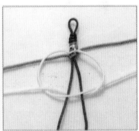

08.重复步骤06。

09.不断重复交错编结，编成两种颜色的单向螺旋。

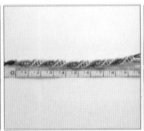

10.一直编双线单旋平结到约9.5cm。

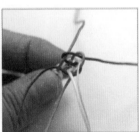

11.以米白线为芯线，其余四根线包裹着做圆十字吉祥结。

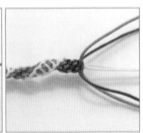

12.编了一部分包芯线圆十字吉祥结的样子。

155

13.一直编到手绳接近手腕周长。

14.剪掉米白色芯线，并用打火机烧熔线头粘紧。

15.棕线包裹灰蓝线做三个包芯线金刚结。

16.每一根灰蓝线和棕线为一股，两股线做双线纽扣结。

17.调整好纽扣结大小和位置，剪掉多余的线，并用打火机烧熔线头粘紧。

18.手绳"暖山"完成。

❓ 小贴士

1.编双线单旋平结时，注意不要过度用力，要随着绳子自然旋转编织。此处的双线单旋平结，改变了两种颜色线的交叠位置，使得白色平结部分和蓝色的平结分层，你发现了吗?

2.结尾的纽扣结可以用珠子代替。

森语

风吹过树梢的时候，
轻轻喊醒梦中的森林

材料：A号玉线草绿色1m一根、
0.8m一根，A号玉线青绿色1m一
根、0.8m一根，A号玉线浅咖啡
色1m一根、0.8m一根，A号玉线
米黄色0.8m一根，A号玉线白色
0.8m两根，金色开口圈10个，金
色龙虾钩一个，金色延长链一条

尺寸：手绳粗约1.5mm，样品适合
15cm手腕

难度系数：★★☆☆☆

制作时间：3小时

二回盘长结 P81

三回盘长结 P83

01.取较短的草绿线，编一个二回盘长结，先不拉紧。

02.左下的余线从右边余线出口处穿入盘长结的内部，在顶部耳翼旁边穿出。

03.拉紧盘长结中心绳套，把最后一个耳翼固定。

04.调整每个耳翼，只留一点点空隙。

05.剪掉多余的线，并用打火机烧熔线头粘紧。

06.用同样的方法，用较长的草绿线制作一个三回盘长结，并把余线穿过盘长结内部构成的最后一个耳翼。

07.剪掉多余的线，并用打火机烧熔线头粘紧。

08.用同样的方法制作其他的盘长结，较长的线做三回盘长结，较短的线做二回盘长结。

09.用金色开口圈把盘长结的耳翼连接起来。

10.两端加上龙虾钩和延长链。

11.手绳"森语"完成。

小贴士

1. 开口圈连接的耳翼，应该是原来编盘长结时左右尖角处的耳翼，不要勾连最顶上和最下方穿出的耳翼，因为最后一个耳翼是靠盘长结本身夹住固定，倘若线头粘得不紧，一直受力拉扯容易松脱。

2. 调整盘长结时建议用镊子辅助。

碧涧流泉

泉水叮咚，日夜奏响，
给山岩的情歌

材料：A号玉线抹茶绿2m五根，
6股银线4m一根，2mm小银珠约
100个，银色磁力桶状扣一套

尺寸：手绳粗约9mm，样品适合
15cm手腕

难度系数：★★☆☆☆

制作时间：4小时

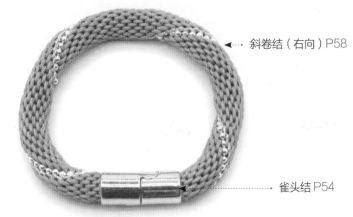

斜卷结（右向）P58

雀头结 P54

01.五根抹茶绿色线各自对折，在银线中间做雀头结。

02.银线弯成圈，右边银线包裹左边银线做一个右斜卷结。

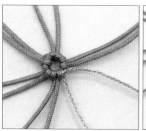

03.拉紧银线，雀头结段固定成一个小圈。

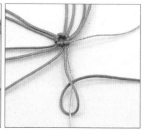

04.银色斜卷结的编线变为芯线，最靠近的一根抹茶绿色线包裹银色芯线做半个右斜卷结。

05.拉紧第一根抹茶绿色线，银色芯线呈顺时针绕圈，其余九根绿线，依次在银线上做半个右斜卷结。

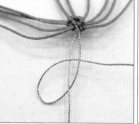

06.拉紧所有抹茶绿色线，最后一根银线也绕银色芯线做半个右斜卷结。

07.重复之前步骤，银色芯线顺时针绕圈，十根抹茶绿色线和一根银线依次在银线上做半个右斜卷结。做三圈后，明显看到出现银色倾斜纹理。

08.把手绳开头的一小段塞进涂了胶水的半个磁力扣中，粘紧。

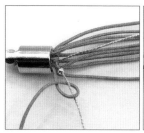

09.银色芯线穿入一个小银珠，然后最靠近的一根抹茶绿色线包裹银色芯线做半个右斜卷结。

10.其余九根抹茶绿色线和一根银线，依次在银线上做半个右斜卷结。

11.重复步骤09和10，做第二圈带银珠的结。

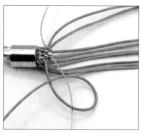

12.重复步骤09和10，做第三圈带银珠的结。

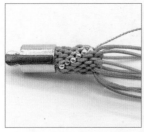

13.做了几圈后，能看到嵌进去的银珠呈螺旋走向。

14.重复之前步骤，直到手绳接近手腕长度。

15.最后重复步骤04到07，做两三圈不带银珠的结。

16.剪掉多余的线，并用打火机烧熔线头粘紧。

17.另外半个磁力扣涂上胶水，和手绳结尾的一头粘紧。

18.手绳"碧涧流泉"完成。

？ 小贴士

1. 步骤 04 注意作为芯线的银线长度应该保证在 2m 或以上。

2. 步骤 11 开始，可以先把多个小银珠穿在银色芯线上，就不需要每编一圈停下来穿一个珠子了。

3. 串珠钢丝不一定能带线穿过 2mm 珠子，可以换用针和线，用细线圈引银线穿过珠子。

4. 此款手绳比较耗线和珠子，假如手腕较粗，则需要更多的线和珠子。

秋山志

层林尽染的远山，
记忆中最美的秋

材料：A号玉线橙色2m，A号玉线浅咖啡色2m，A号玉线抹茶绿色2m，1mm深咖啡色弹力线0.5m，金色松果挂件

尺寸：手绳粗约5mm，样品适合15cm手腕

难度系数：★★☆☆☆

制作时间：2小时

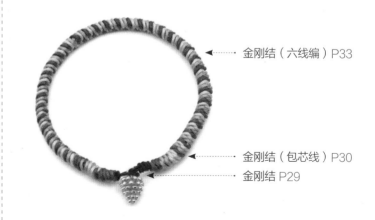

金刚结（六线编）P33

金刚结（包芯线）P30

金刚结 P29

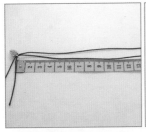

01.弹力线对折穿过松果挂圈，量出约15.5cm长线圈，预留做芯线。

02.剩余的弹力线翻折，包着长线圈做三个包芯线金刚结固定松果挂圈。

03.浅咖啡色玉线对折，包裹所有弹力线做两个包芯线金刚结。

04.抹茶绿色玉线对折，包裹所有线做两个包芯线金刚结。

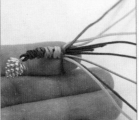

05.橙色玉线对折，包裹所有线做两个包芯线金刚结。现在所有线都固定好了。

06.浅咖啡色玉线包裹所有线，开始做一个包芯线金刚结。

07.换抹茶绿色玉线，包裹所有线，做一个包芯线金刚结。

08.换橙色玉线，包裹所有线，做一个包芯线金刚结。

09.轮流换线编，就是三种颜色交错的六线金刚结。

10.接近弹力线圈末尾还有2cm的时候，注意从浅咖啡色玉线做金刚结线圈时开始准备收尾。

11.浅咖啡色玉线做两个金刚结，换抹茶绿色玉线编结。

12.抹茶绿色玉线做两个金刚结，换橙色玉线编结。

13.橙色玉线做两个金刚结，剪去橙色线和抹茶绿色线，并用打火机烧一下。

14.将末尾弹力线圈套在松果挂圈上固定，浅咖啡色线继续编金刚结，遮盖线头。

15.浅咖啡色线编金刚结到线圈能套稳在松果挂圈上就可以停止了。

16.剪去多余的线，打火机烧线头粘紧。

17.手绳"秋山志"完成。

❓ 小贴士

1. 做到步骤 10 的时候，由于线的长度不同，有可能不是浅咖啡色线刚好用来结尾，但我尽量选这个颜色来开始结尾的步骤，手绳容易呈现对称效果。

2. 做到步骤 13 的时候，也可以先用浅咖啡色线再做几个包芯线金刚结，藏一下其他玉线的线尾，再剪去橙色线和抹茶绿色线。

3. 结尾的松果挂件可以换成别的小挂坠，三种编线的颜色也可以根据吊坠的不同色泽换成更搭配的颜色。

旅行

穿过时间的磨砺，
漂洋过海来到这里，
既然相遇，何不珍惜

材料：0.4mm日本扁蜡线1m六根，海玻璃一块，3mm金色玻璃珠四个，2mm金色玻璃珠24个

尺寸：手绳宽约1cm，样品适合15cm手腕

难度系数：★★★★☆

制作时间：3小时

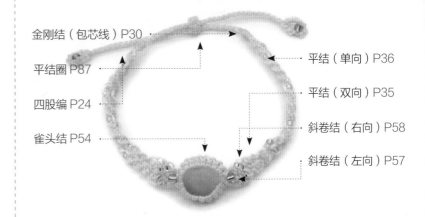

金刚结（包芯线）P30

平结圈 P87

四股编 P24

雀头结 P54

平结（单向）P36

平结（双向）P35

斜卷结（右向）P58

斜卷结（左向）P57

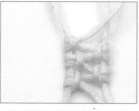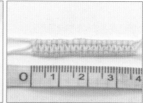

01.取一根线对折，在另一根线的中间编一个雀头结。

02.雀头结的两端分别在第二根芯线上做两个雀头结。

03.编线两端继续在第一个雀头结旁边各编一个雀头结。

04.编线两端重复在两根芯线上编雀头结，注意两根芯线之间保持约0.8cm的间距。雀头结段编约3.5cm长。

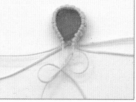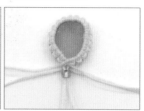

05.用雀头结段包裹海玻璃，然后左边的芯线作为编线，在右边的芯线上编一个左斜卷结。

06.拉紧之后，翻转，另外两根芯线同样互相编一个左斜卷结。

07.拉紧之后，海玻璃就被线包裹固定好了。

08.靠中间较短的两根线，穿过3mm玻璃珠。

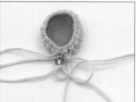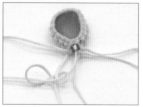

09.右上第一根线，包裹右边第二根线，做一个右斜卷结。

10.拉紧第一个斜卷结，继续在穿了玻璃珠的右边短线上做一个右斜卷结。

11.左上第一根线，包裹左边第二根线，做一个左斜卷结。

12.拉紧第一个斜卷结，继续在穿了玻璃珠的左边短线上做一个左斜卷结。

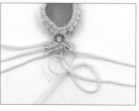

13.中间下方的两根线，左线绕右线做一个左斜卷结。

14.最靠中间的四根线，各穿一个2mm玻璃珠。

15.右上第一根线，包裹右边第二根线，做一个右斜卷结。

16.拉紧第一个斜卷结，注意线和玻璃珠子之间预留一点空间，继续在右边第二根穿了玻璃珠的线上做一个右斜卷结。

  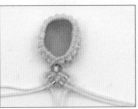 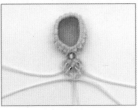

17.左上第一根线，包裹左边第二根线，做一个左斜卷结。

18.拉紧第一个斜卷结，注意线和玻璃珠子之间预留一点空间，继续在左边第二根穿了玻璃珠子的线上做一个左斜卷结。

19.拉紧后，所有玻璃珠子固定好了。

20.最靠近中间的四根线，编一个双向平结。

 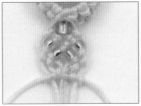  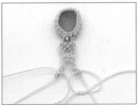

21.以平结的编线为芯线，左右最上方的两根线，分别做一个左斜卷结和右斜卷结。

22.拉紧斜卷结（如图）。

23.六根线分为两组，每一组线，中间的短线作为芯线，另外两根长线做单向平结。

24.单向平结做约两三个螺旋时，两根芯线各穿一个2mm玻璃珠，然后继续编。

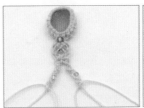  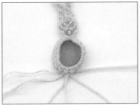 

25.重复编单向平结，同样隔一段就在芯线里加一个玻璃珠。

26.在包裹好的海玻璃另一边，利用串珠钢丝，穿过雀头结的空隙加入另一根编线。

27.一共加穿三根，对折后成为六根编线。

28.重复之前步骤，海玻璃两端编同样的绳结。

   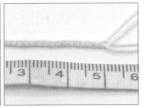

29.两端编单向平结，到接近手腕长度时停下。

30.两段单向平结合并，用外侧线包其他线，做三个包芯线金刚结，固定绳尾。

31.剪掉金刚结的编线，并用打火机烧熔线头粘紧。剩下四根线做四股编。

32.做约5cm长的四股编。

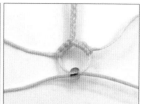

33.把四股编竖向摆放，右上第一根线，包裹右边另一根线做一个雀头结。

34.继续编雀头结，一共做三个雀头结。

35.左上第一根线，也包裹左边另一根线做三个雀头结。

36.雀头结的两根芯线，交叉穿过一个3mm玻璃珠。

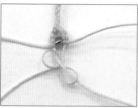

37.左上第一根线，包裹穿珠的芯线做一个左斜卷结。

38.右上第一根线，包裹穿珠的芯线做一个右斜卷结。

39.靠中间下方的两根线，右线包裹左线，做一个右斜卷结。

40.拉紧斜卷结，固定好玻璃珠子。

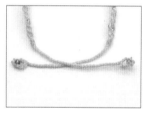

41.重复之前步骤，完成另外一端的延长绳，剪掉多余的线，并用打火机烧熔线头粘紧。

42.包裹两根延长绳，用剪掉的余线做一个平结圈。

43.收紧平结圈，剪掉多余的线，并用打火机烧熔线头粘紧，做好活扣。

44.手绳"旅行"完成。

❓ 小贴士

1.海玻璃是大海中废弃的人工玻璃制品，经过多年自然的海水、海沙打磨而成，表面光滑，有多种颜色，以蓝绿色居多。此款手绳中间的海玻璃也可以换成其他适合包裹的石头或者扁平的物品。包裹之前，应先试一试两排雀头结之间的宽度是否适合，假如太窄而石头较厚，则包裹不住或容易松脱。

2.包裹石头的编法，用蜡线编最为适合，不宜用其他线材替代。

第五章

复古文艺
手　　绳

玄武

斗转星移，山川依旧

材料：B玉线黑色0.8m，A玉线黑色0.3m两根，A玉线深蓝色1m两根，12股金线1m两根

尺寸：手绳粗约5mm，样品适合15cm手腕

难度系数：★★☆☆☆

制作时间：1小时

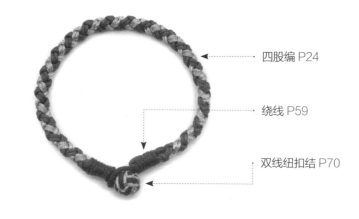

四股编 P24

绕线 P59

双线纽扣结 P70

01.B线对折成圈，找到深蓝线和金线中点，一起用左手捏紧，右手取短黑A线，包裹线圈和线做几圈绕线。

02.把金线和深蓝线翻折过来，继续用黑线扎紧。

03.绕几圈扎紧后，余下黑线从预留的线圈中穿出。

04.抽紧线圈，绕线部分把深蓝线和金线固定在粗线上。注意测试一下预留的扣圈是否够大。

05.把绕线部分多余的线剪去，并用打火机烧熔线头粘紧。每两根同色的线作为一组编线，金线在内侧，深蓝线在外侧，粗的黑线在中间作为芯线。

06.左边最外侧一组深蓝线往右弯折，包裹右边最靠中间的一组金线，再从黑色芯线下面折回。

07.右边最外侧一组深蓝线往左弯折，包裹左边最靠中间的一组深蓝线，再从黑色芯线下面折回。

08.左边最外侧一组金线往右弯折，包裹右边最靠中间的一组深蓝线，再从黑色芯线下面折回。

09.右边最外侧一组金线往左弯折，包裹左边最靠中间的一组金线，再从黑芯线下面折回。

10.重复之前步骤，注意每次包裹都要拉紧，编线不要扭转重叠。

11.编到接近手腕长度。

12.用短的黑色A线包裹所有线做一段绕线扎紧绳尾。

171

13.剪去绕线部分多余的线，再剪去多余的深蓝线，用打火机烧熔线头粘紧。

14.剩下的线，每两根金线和一根黑线成一组，两组线做一个双线纽扣结。

15.调整纽扣结的大小和位置。

16.剪掉多余的线，并用打火机烧熔线头粘紧。

17.手绳"玄武"完成。

❓ 小贴士

1. 步骤 03 绕线最后的穿线，最好藏在翻折过来的深蓝线和金线当中，这样抽紧之后线头容易藏。

2. 这款手绳把四股编加入了芯线，如需做更粗的手绳，可以把芯线换成更粗的线。

江南春

一生痴绝处，无梦到徽州

材料：A号玉线草绿色2.5m，A号玉线明黄色1m，3股金线0.25m，6股金线0.5m，2mm小金珠六个

尺寸：手绳粗约5mm，样品适合15cm手腕

难度系数：★★★☆☆

制作时间：2小时

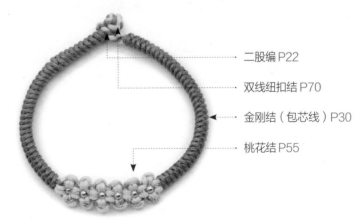

二股编 P22

双线纽扣结 P70

金刚结（包芯线）P30

桃花结 P55

01.黄线和绿线取中点，拧在一起做约1cm长的二股编。

02.绿线包裹黄线，做包芯线金刚结。

03.金刚结做约6cm长，拉紧。

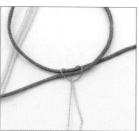

04.把绿线交叉成圈，3股金线对折，在两根绿线重叠处编一个反向的雀头结。

05.6股金线对折，同样在两根绿线重叠处编一个反向的雀头结，把3股金线夹在中间。

06.拉紧两根3股金线，固定在绿线上，黄线绕绿线圈开始编桃花结第一个花瓣。

07.拉紧黄线和绿线，做好桃花结的第一个花瓣，注意黄线把金线夹在中间。

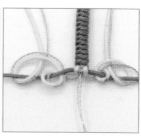

08.每一根黄线和6股金线为一组，分别在两边的绿线上做桃花结的两个花瓣。

09.拉紧桃花结的两个花瓣，两根3股金线穿过一个小金珠。

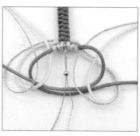

10.绿线交叉夹着3股金线做圈，每一根黄线和6股金线为一组，在绿线圈上做桃花结的最后一个花瓣。

11.拉紧线，调整花形。

12.重复之前步骤，一共做六个桃花结，然后绿线包裹其他线，做包芯线金刚结。

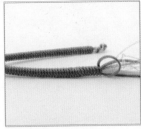   

13.金刚结做到对称的长度。

14.剪去金线，再用绿线包裹黄线做几个金刚结，把线头藏好后拉紧。

15.每根绿线和黄线成一组，两组线一起编一个双线纽扣结。

16.调整纽扣结的大小和位置，与金刚结距离约1mm。

17.剪掉多余的线，并用打火机烧熔线头粘紧。

18.手绳"江南春"完成。

？ 小贴士

1. 金线和黄线一起编桃花结时，注意调整两种线的位置，尽量能让花瓣带上点儿金色，这样才有闪亮的感觉。

2. 调整纽扣结时用镊子会更方便。

银丝墨荷

白纸青墨，勾出世上颜色；
铁画银钩，写尽人间故事

材料：72号玉线墨绿色2m，6股银线2m，4mm白贝珠一个，6mm白贝珠一个，8mm莲花白贝珠一个

尺寸：手绳粗约2mm，样品适合15cm手腕

难度系数：★★★☆☆

制作时间：1.5小时

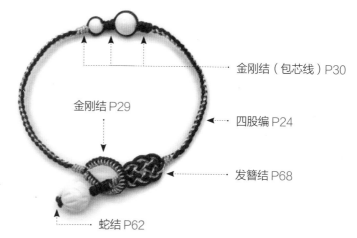

金刚结（包芯线）P30

金刚结 P29

四股编 P24

发簪结 P68

蛇结 P62

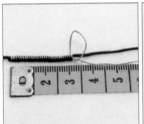

01.两根线在中间开始编金刚结，约做2.6cm长。

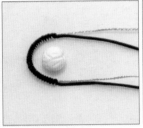

02.金刚结段包裹莲花白贝珠测试是否够长。

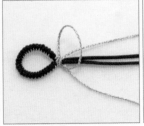

03.确定好了之后用银线包裹墨绿线做包芯线金刚结，固定扣圈。

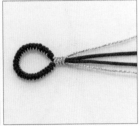

04.银线做四个包芯线金刚结。

05.银线和墨绿线开始做四股编。

06.四股编约做6cm长，用银线包裹墨绿线做包芯线金刚结固定绳尾。

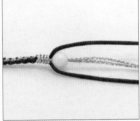

07.银线做四个包芯线金刚结，并穿过4mm白贝珠。

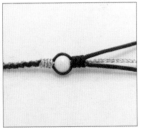

08.墨绿线包裹银线编三个包芯线金刚结，注意拉紧，使墨绿线能紧紧包裹珠子。

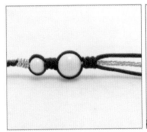

09.银线再穿过6mm白贝珠，重复步骤08。

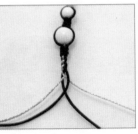

10.银线和墨绿线继续做四股编。

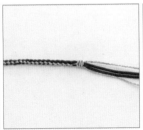

11.银线包裹墨绿线做三个包芯线金刚结固定绳尾。

12.每一根墨绿线和银线做一组，两组线编一个发簪结。

13.把发簪结收紧，调整形状。

14.银线包裹墨绿线做三个包芯线金刚结，先不拉紧。

15.换用墨绿线绕圈编金刚结。

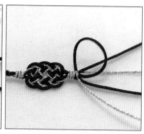

16.再用墨绿线绕圈做金刚结，此时金刚结的编线换成墨绿线。

17.墨绿线编两个包芯线金刚结时，剪去银线。

18.墨绿线继续编三个金刚结，把银线的线头藏好。

19.墨绿线穿过莲花白贝珠，并打一个蛇结固定。

20.把多余的线剪掉，并用打火机烧熔线头粘紧。

21.手绳"银丝墨荷"完成。

? 小贴士

1. 开头的线圈可以用雀头结代替。

2. 发簪结一定要调整得紧密一些，不然容易变形。

荼蘼

荼蘼不争春，寂寞开最晚

材料：A号玉线抹茶绿3.5m，6股金线1m，9股金线1m

尺寸：手绳粗约5mm，样品适合15cm手腕

难度系数：★ ★ ★ ★ ☆

制作时间：2小时

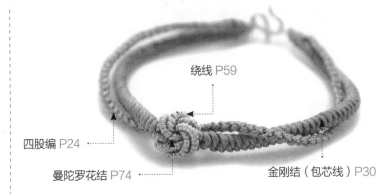

绕线 P59

四股编 P24

曼陀罗花结 P74

金刚结（包芯线）P30

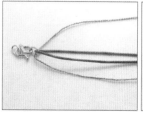

01.绿线和6股金线穿过S扣，对折。

02.绿线包裹金线做金刚结。

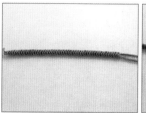

03.金刚结做到接近手腕尺寸一半，收紧。

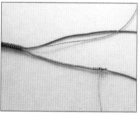

04.一侧金线绕紧一根绿线，绕线段约6.5cm长，结尾用半个雀头结暂时固定。

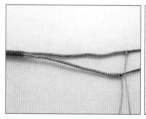

05.另外一根绿线同样处理，用金线绕约6.5cm长。

06.把手绳竖直，右边金色绕线段编一个单结。

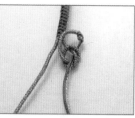

07.继续用右段线从后往前穿过单结。

08.调整一下右边的花结形状，不要拉得太紧。

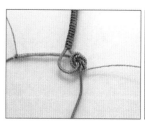

09.左边金色绕线段从前往后穿过右边花结中间的洞。

10.左段线往下穿成一个单结。

11.左段线继续从前往后穿过右边花结的中心。

12.左段线往下穿过单结的中心。

13.调整曼陀罗花结的形状，如果金线绕得有点多，可以拆掉一些。

14.用绿线继续包裹金线做金刚结。

15.金刚结编至接近手腕尺寸，收紧。

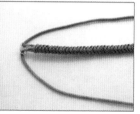

16.剪去多余的金线，绿线穿过S扣的圈并翻折。

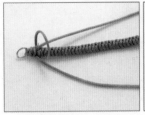
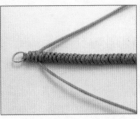
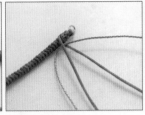
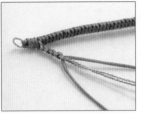

17.绿线包裹自身和余下的金线做包芯线金刚结。

18.编至两端金刚结紧密连接，拉紧。

19.9股金线对折，夹在绿线中间。

20.绿线和金线一起编四股编。

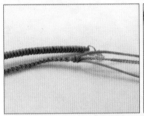
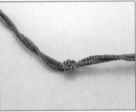

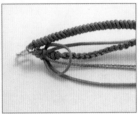

21.把四股编做到和金刚结段差不多长，用绿线包裹金线做三个包芯线金刚结固定绳尾。

22.用四股编在金刚结段上绕几圈。

23.余下四根线都穿过S扣并翻折。

24.绿线包裹自身和金线做包芯线金刚结。

25.编至两端金刚结紧密连接，拉紧。

26.剪掉多余的线，并用打火机烧熔线头粘紧。

27.手绳"荼蘼"完成。

❓ 小贴士

1. 中间绕线的部分，为了操作方便，并没有严格按照绕线的常规步骤操作，因为有可能会多绕一些，等编好了曼陀罗花结再根据具体情况拆掉一些，关键是最后利用包芯线金刚结固定，藏好金线就可以了。

2. 末尾的 S 扣可以增加延长链等配件，使得手绳尺寸可以调节。

步步莲生

念念清风起，步步莲花生

材料：B号玉线大红色1.5m，72
号玉线墨绿色3m

尺寸：手绳粗约5mm，样品适合
15cm手腕

难度系数：★★★★★

制作时间：2.5小时

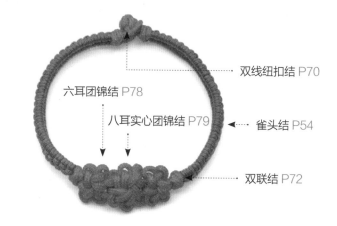

双线纽扣结 P70

六耳团锦结 P78

八耳实心团锦结 P79

雀头结 P54

双联结 P72

01.红线对折，编一个双联结，先不要拉紧。

02.墨绿线穿过双联结中间，在扣圈方向打一个结。

03.把打了结的墨绿线扯进双联结中间，拉紧双联结，藏好线后，剪去线头，然后用打火机烧熔线头粘紧。

04.以上方红线为芯线，墨绿线绕圈做雀头结。

05.墨绿线继续绕红线做圈，编雀头结的第二步。

06.拉紧墨绿色雀头结，使雀头结尽量靠近开头的双联结。

07.换用下方红线为芯线，墨绿线绕圈做雀头结。

08.墨绿线继续绕下方红线做圈，编雀头结的第二步。

09.拉紧墨绿色雀头结，使雀头结尽量靠近第一个雀头结。

10.重复步骤04到09，每个雀头结都尽量拉紧靠近彼此。

11.雀头结段约编6cm长。

12.红线编一个双联结，墨绿线从双联结中间穿过。

13.拉紧双联结，藏好墨绿线。

14.红线编一个六耳团锦结，先不要拉紧。

15.墨绿线从六耳团锦结中间穿过。

16.拉紧六耳团锦结，调整团锦结的耳翼到最小。

17.红线编一个八耳团锦结，先不要拉紧。墨绿线从八耳团锦结中间穿过。

18.拉紧八耳团锦结，两个团锦结尽量靠近。

19.重复步骤14和15。

20.拉紧六耳团锦结，尽量靠近前面两个团锦结。

21.重复步骤12和13，做一个双联结并藏好墨绿线。

22.墨绿线按照之前步骤，包裹红线交错做雀头结。

23.一直编雀头结到合适长度。

24.红线编一个双联结，墨绿线穿过双联结中间。

25.红线再编一个纽扣结，墨绿线穿过纽扣结中间。

26.调整纽扣结的形状和位置，纽扣结距离双联结约2mm。

27.把多余的线剪掉，用打火机烧熔线头粘紧。

28.手绳"步步莲生"完成。

 小贴士

1. 编手环部分的雀头结时，用夹子夹着手绳上端，会编得比较平整。

2. 中间的团锦结，耳翼不宜留太大，否则团锦结容易变形。如果能用针线暗缝一下团锦结，定型效果更好。

3. 可以利用中间穿过团锦结的墨绿线，穿珠子填充在团锦结中间，增加效果。

转经轮

转经轮响，一夜梵唱，
斜阳远山长

材料：72号五色玉线0.4米十根，72号玉线暗红1.2米两根，带龙虾钩延长链吊钟扣一对

尺寸：手绳粗约5mm，样品适合15cm手腕

难度系数：★★☆☆☆

制作时间：1.5小时

金刚结（包芯线）P30

斜卷结（左向）P57

斜卷结（右向）P58

01.取两根五色线，一根在另一根的中间做一个右斜卷结。

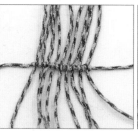

02.另外八根五色线，在第一个斜卷结的两边依次做右斜卷结。

03.把斜卷结的芯线绕一个圈，左边芯线在右边芯线上编半个右斜卷结。

04.拉紧芯线的结，九个斜卷结围成一个圈。把两根芯线的两端打一个结作为标记。

05.下方打了结的芯线往左弯折，继续作为芯线，斜卷结的下方编线绕芯线做半个左斜卷结。

06.另外的斜卷结下方编线依次在芯线上绕半个左斜卷结。

07.依次拉紧编线，绕出一层新的结圈。

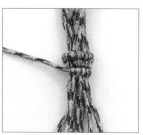

08.重复之前步骤，做第二层结圈。

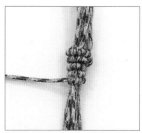

09.重复做结圈，一共做四层。

10.把结体上下调转，打了结的芯线往左弯折，继续作为芯线，斜卷结的下方编线绕芯线做半个左斜卷结。

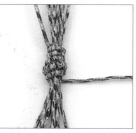

11.另外的斜卷结下方编线依次在芯线上绕半个左斜卷结，拉紧芯线后绕成一层新的结圈。

12.重复之前步骤也做四层结圈，最后连上中间开头的斜卷结一圈，一共九层结圈。

13.暗红线把两边所有的五色线包裹起来，做包芯线金刚结。

14.金刚结做到手绳接近手腕长度，拉紧。

15.剪掉多余的线，并用打火机烧熔线头粘紧。

16.在手绳尾部涂上胶水，粘紧吊钟扣。

17.手绳"转经轮"完成。

❓ 小贴士

1. 中间结圈部分可以随意增加圈数。

2. 两边包裹五色线的金刚结编线可以用再粗一点的 A 玉线，成品会更粗一点，具体根据吊钟扣的直径决定。

秋夕

银烛秋光，月明风清

材料：中国结5号线大红色0.5m，A号玉线浅咖啡色1m五根、0.2m一根，A号玉线橙色0.2m一根、0.3m一根，A号玉线草绿色0.2m一根、0.3m一根，12股金线0.3m三根，9股银线0.2m两根、0.6m两根，吊钟扣一对

尺寸：手绳粗约8mm，样品适合15cm手腕

难度系数：★ ★ ★ ☆ ☆

制作时间：2.5小时

平结圈 P87

绕线圈 P89

绕线 P59

金刚结（包芯线）P30

十股编 P28

01.把五根浅啡色线对折，和红色5号线放在一起，用短的浅啡色线做绕线，把五根对折线和5号线固定。

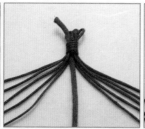

02.剪去绕线多余的线尾，并用打火机烧熔线头粘紧。把红线放中间，浅啡色线左右各五根。

03.左边最外侧的浅啡色线往右弯折，包裹右边最靠中间的三根线和中间的红色芯线，再折回左边。

04.右边最外侧的浅啡色线往左弯折，包裹左边最靠中间的三根线和中间的红色芯线，再折回右边。

05.左边最外侧的浅啡色线再次往右弯折，包裹右边最靠中间的三根线和中间的红色芯线，再折回左边。

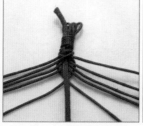

06.右边最外侧的浅啡色线再次往左弯折，包裹左边最靠中间的三根线和中间的红色芯线，再折回右边。

07.重复之前步骤，注意每次编都要均匀拉紧编线。

08.十股编做到接近手腕尺寸时，取两根编线包裹其他线做包芯线金刚结。

09.做三个包芯线金刚结固定绳尾。

10.剪掉多余的线，并用打火机烧熔线头粘紧。

11.加上吊钟扣，用胶水粘紧。

12.短的草绿线做芯线圈，长的草绿线和金线包裹芯线圈做双向平结。

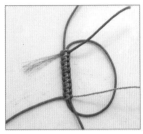
13.约做十个双向平结。

14.套在手绳中部，收紧平结圈。

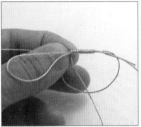
15.另取银线做绕线圈。

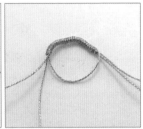
16.绕线部分长约2cm，先不拉紧线圈。

17.银色绕线圈套在平结圈旁边，收紧。

18.确认线圈都收紧后，剪去多余的线，并用打火机烧熔线头粘紧。

19.重复之前的步骤，利用十股编余下的浅啡色线，在银色绕线圈旁边继续加上浅咖啡色平结圈、银色绕线圈和橙色平结圈。手绳"秋夕"完成。

❓ 小贴士

1.如果十股编不加入5号线作为芯线，手绳会细软一些。

2.做平结圈和绕线圈时，编结的长度需要预留多一些，因为收紧的时候，结与结之间会被扯得很紧密，所以实际做成圈的长度会变短，可以先试做一个圈测试大小。

3.中间的结圈装饰，可以随心变换颜色和排列组合，呈现出各种不同的效果。

墨腕

远方有诗意，何妨踟蹰行

材料：A号玉线深蓝色2m两根，72号五色线2m两根，银色金属圈和S钩一对，长命锁挂坠

尺寸：手绳三圈粗约10mm，样品适合15cm手腕

难度系数：★★★☆☆

制作时间：2小时

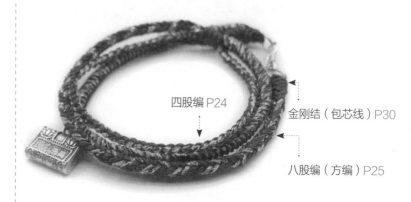

四股编 P24

金刚结（包芯线）P30

八股编（方编）P25

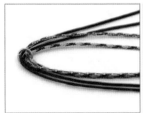

01.四根线对折，穿过银圈。

02.取两根深蓝线包裹其他线做包芯线金刚结。

03.编四个深蓝包芯线金刚结，固定所有线。

04.把编线竖直过来，并按顺序排列分组，深蓝线放在外侧，五色线放在内侧。

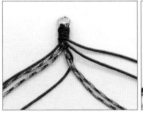

05.左边最外面的深蓝线往右弯折，包裹右边最靠中间的两根五色线，再折回左边。

06.右边最外面的深蓝线往左弯折，包裹左边最靠中间的五色线和深蓝线，再折回右边。

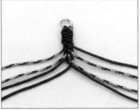

07.左边最外面的深蓝线往右弯折，包裹右边最靠中间的五色线和深蓝线，再折回左边。

08.右边最外面的深蓝线往左弯折，包裹左边最靠中间的两根蓝线，再折回右边。

09.左边最外面的五色线往右弯折，包裹右边最靠中间的两根深蓝线，再折回左边。

10.右边最外面的五色线往左弯折，包裹左边最靠中间的五色线和深蓝线，再折回右边。

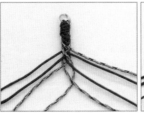

11.左边最外面的五色线往右弯折，包裹右边最靠中间的五色线和深蓝线，再折回左边。

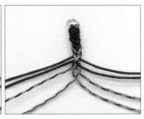

12.右边最外面的五色线往左弯折，包裹左边最靠中间的两根五色线，再折回右边。

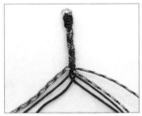

13.重复步骤05到12，编八股编，注意每次编要均匀拉紧编线。

14.八股编的长度做到接近手腕尺寸即可。

15.用靠外侧的两根深蓝线，包裹其他线做包芯线金刚结。

16.做四个包芯线金刚结，固定绳尾。

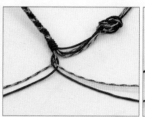

17.重新把线分组，每两根五色线和深蓝线为一组，分左右两股。其中一股先打个结做标记。

18.没有打结的四根线，开始做四股编。两根五色线交叉摆放（如图）。

19.换用深蓝线做交叉（如图）。

20.再次换用五色线做交叉（如图）。

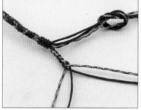

21.每次做交叉都要均匀拉紧编线，继续编四股编。

22.四股编做到接近手腕尺寸，深蓝线包裹五色线做包芯线金刚结。

23.做四个包芯线金刚结固定绳尾。

24.解开之前四根线的结，用深蓝线包裹其他线做圈。

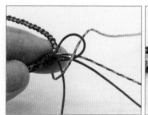

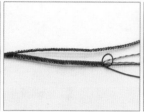
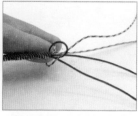

25.用一根五色线绕左手食指一圈，穿过深蓝线圈。

26.继续用一根五色线和一根深蓝线做包芯线金刚结。

27.编了一段包芯线金刚结，编线可能会不够长了，需要换线。

28.换用长一些的五色线绕左手食指一圈，穿过竖直的深蓝线圈。

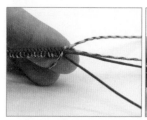

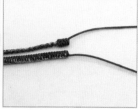

29.拉紧深蓝线圈。

30.换用长一些的深蓝线绕左手食指一圈，穿过竖直的五色线圈。

31.换编线后，一直编包芯线金刚结到合适长度。

32.四股编和金刚结部分的编线都只留一根深蓝线，其他的线剪去，并用打火机烧熔线头粘紧。

33.两根深蓝线穿过小银圈。

34.把两线翻折，包裹自身做包芯线金刚结。

35.一直编到金刚结和之前的编绳部分紧密连接。

36.剪掉多余的线，并用打火机烧熔线头粘紧。

37.用尖嘴钳加上长命锁挂件。手绳"墨脱"完成。

❓ 小贴士

1. 编八股编时，用夹子夹住编线上方，可以提高速度，也容易用力均匀。

2. 为了节省编线，第三圈的金刚结需要换线编。注意不能等到原来的编线已经很短了才转换编线，因为后面还需要原来的编线充当新的芯线。

梦羽

已被时光冲淡的回忆，
乘着梦的翅膀，
能否变得清晰美好

材料：71号玉线暗红色8m，2mm
金色小珠六个，金色心形小珠两个

尺寸：手绳粗约2mm，样品适合
15cm手腕

难度系数：★ ★ ★ ☆ ☆

制作时间：1小时

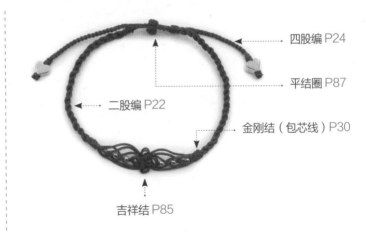

四股编 P24

平结圈 P87

二股编 P22

金刚结（包芯线）P30

吉祥结 P85

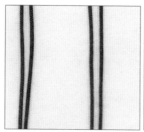

01.把线对折两次，每两根线成一组线作为编线。

02.在中间开始编一个吉祥结。

03.调整编好的部分，各细线尽量不要重叠扭转。

04.继续编吉祥结，同样注意调整各线位置。

05.把吉祥结的耳翼调整到需要的大小。

06.剪开四周的编线，往两端弯折，吉祥结两端各有八根编线。

07.先编右边，最靠中间的两根线穿过一个小金珠。

08.穿珠子的线两侧的两根线，如图和中间的线交叉后，再穿过一个小金珠。

09.穿第二个珠子的线两侧的两根线，如图和中间的线交叉后，再穿过一个小金珠。

10.调整珠子位置，最外侧的两根线包裹所有穿了珠子的线，做三个包芯线金刚结固定形状。

11.左边部分按照相同步骤处理。

12.八根编线分为每四根一组，两组线扭转做二股编。

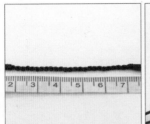

13.从中心开始计算，手绳一侧做到约7cm长时，用三个包芯线金刚结固定二股编部分。

14.剪去四根编线，并用打火机烧熔线头粘紧。剩下四根编线做四股编。

15.做四股编约4.5cm长，用三个包芯线金刚结固定绳尾。

16.余下的线穿过心形珠子，做两个包芯线金刚结固定。手绳另一侧的编线同样处理。

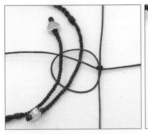

17.四股编延长绳做好后，剪掉多余的线，并用打火机烧熔线头粘紧。取剪出的余线，包裹两根延长绳做平结圈。

18.注意测试平结圈的直径是否合适再拉紧。

19.拉紧平结圈，作为手绳的活扣。

20.剪掉多余的线，并用打火机烧熔线头粘紧。

21.手绳"梦羽"完成。

？ 小贴士

1. 开始时编线比较长，容易缠绕打结，熟悉吉祥结编法的话，也可以先准备每组两根2m的线，用四组线编。

2. 不建议用粗线编这款手绳。

一叶菩提

一花一世界，一叶一菩提

材料：72号五色线20cm，6股金线40cm一根、25cm六根，71号大红玉线1m两根，2mm金色小珠两个

尺寸：手绳粗约2mm，样品适合15cm手腕

难度系数：★★★☆☆

制作时间：1小时

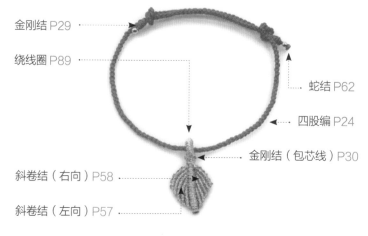

金刚结 P29

绕线圈 P89

斜卷结（右向）P58

斜卷结（左向）P57

蛇结 P62

四股编 P24

金刚结（包芯线）P30

01.五色线绕圈，取长的金线，折一小段做圈，然后余线绕着金线圈和五色线圈做绕线。

02.绕线到足够长，余下的金线穿过预留的金线圈。

03.拉紧金线圈另一头的线尾，固定余下的金线。

04.收紧五色线，把绕线段弯成一个圈。

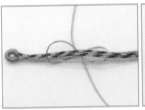

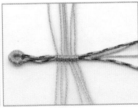
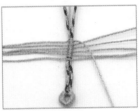

05.五色线和金线作为芯线，取一根短金线在芯线上做一个左斜卷结。

06.拉紧金线，注意调整两边对称，并且斜卷结固定在距离绕线圈约2cm处。

07.其他的五根金线，都以同样的方式，在第一个斜卷结的右边，依次固定在芯线上，排列整齐。

08.把绕线圈倒置，现在六根金线分为左右两排。先从右边开始，右边第一根金线往下弯折作为芯线。

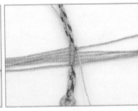

09.右边第二根金线作为编线，绕第一根金线做左斜卷结第一个圈。

10.右边第二根金线作为编线，绕第一根金线做左斜卷结的第二个圈。

11.拉紧第一个斜卷结，尽量靠近中间。

12.重复之前步骤，右边每一根金线都依次在芯线上做左斜卷结，共编五个斜卷结。

13.最后右边金色芯线在五色线上绕半个斜卷结。

14.拉紧之后，右边第一排完成，换左边第一根金线往下弯折作为芯线。

15.左边第二根金线作为编线，绕第一根金线做右斜卷结第一个圈。

16.左边第二根金线作为编线，绕第一根金线做右斜卷结第二个圈。

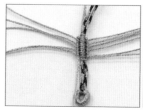

17.拉紧第一个斜卷结，尽量靠近中间。然后其他线依次编斜卷结，一共是五个。

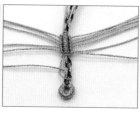

18.最后左边金色芯线在五色线上绕半个斜卷结。

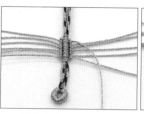

19.拉紧左边金线后，又换回右边的金线编第二排斜卷结。

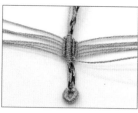

20.重复之前步骤，右边金线再编一排斜卷结。

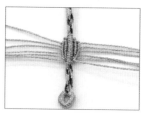

21.又换回左边编一排斜卷结。

22.左右轮流编斜卷结，两边各编五排。

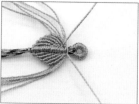

23.把叶子沿着五色线移动到靠近绕线圈的位置，抽出最后绕在中间的两根金线作为结尾编线。

24.两根金线绕着中间五色线做包芯线金刚结。

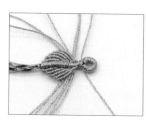

25.直到金线把五色线部分全部覆盖，拉紧金刚结。

26.剪去所有多余的线，用打火机小火炙烤线头粘紧，叶子部分完成。

27.一根红线穿过一个小珠对折，编三个金刚结。

28.在金刚结编线中间夹入另一根红线。

29.四根线做四股编。

30.编到足够长度，用外侧两根红线，包裹中间两根红线，做三个包芯线金刚结固定绳尾。

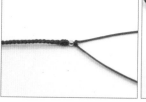

31.剪去外侧红线，用打火机烧熔线头粘紧，余下两根线穿过小珠，打一个蛇结固定。

32.剪去多余的线，用打火机烧熔线头粘紧。红绳穿过金叶子。

33.红绳一头包裹自身做一个
单结。

34.红绳另一头同样处理。

35.调整单结位置并拉紧，成
为手绳活扣。

36.手绳"一叶菩提"完成。

❓ 小贴士

1. 步骤 02 的绕线段长度，取决于之后叶子要穿过的手绳直径大小。注意把绕线段弯起来看看，觉得那
   个圈比你想要的大一点就行，因为拉紧之后这个圈会变得小一些。

2. 步骤 08 开始，可以用夹子固定好芯线的上方，方便编织。

3. 步骤 22 的斜卷结排数可以根据具体情况决定。喜欢叶子更宽一些的可以多编两排，用细线编也需要
   多编几排。

4. 注意叶子最后结尾时，需要用打火机的蓝色火焰慢慢烤，不能直接烧金线，容易起火变黑。

5. 为了能够清晰地拍摄编法，示例手绳采用了 6 股金线编织叶子部分。如果熟练掌握了叶子的编法，
   可以用更细的三股线编织，成品会更显精致。

时光

时光静静流淌，
映照着过去的故事，
默默奔向远方

材料：A号玉线浅啡色3m，A号玉
线暗红色2m，72号五色线1.5m，
6股金线0.5m，8mm琉璃珠一
个，4mm小金珠四个，2mm小金
珠十个，金色S扣一套

尺寸：手绳三圈约粗15mm，样品
适合15cm手腕

难度系数：★★★★★

制作时间：3小时

四股编 P24

金刚结 P29
桃花结 P55

双线纽扣结 P70

金刚结（包芯线）P30

平结（单向）P36

八耳实心团锦结 P79

01.浅啡线穿过S扣对折，编金刚结。

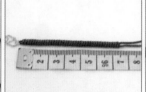

02.金刚结编至约6.5cm长。

03.两根编线分别穿过一个4mm小金珠，然后两根编线一起穿过琉璃珠，再分别穿过一个4mm小金珠。

04.两根编线继续编金刚结。

05.金刚结编到接近手腕长度，拉紧。

06.五色线对折，每段五色线和每根浅啡线成一组，两组线编一个双线纽扣结。

07.调整纽扣结大小和位置。

08.浅啡线和五色线一起做四股编。

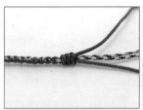

09.四股编做到接近手腕长度时，用浅啡线包裹五色线做三个包芯线金刚结固定。

10.每根五色线和每根浅啡线成一组，两组线编一个双线纽扣结。

11.剪去多余的浅啡线，用打火机烧熔线头粘紧。6股金线从一侧开始，做一段绕线，把金线固定到五色线上。

12.暗红线对折，包裹五色线和金线做三个包芯线金刚结，然后剪去短的金线。

13.把绳子竖向摆放，五色线交叉做圈夹着金线，暗红线绕五色线做桃花结第一个花瓣。

14.暗红线继续在左右两边的五色线上做桃花结的两个花瓣。

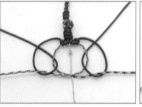

15.拉紧暗红线，金线穿过一个2mm小金珠。五色线再次交叉做圈，夹着金线，暗红线绕五色线做桃花结最后一个花瓣。

16.调整桃花结形状和花心金珠位置。

17.重复之前步骤，一共做三朵桃花。

18.五色线包裹其他线，做四个包芯线金刚结。

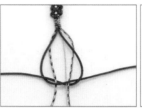

19.暗红线包裹其他线做单向平结。

20.单向平结约做三个螺旋。再用五色线包裹其他线，做四个包芯线金刚结。

21.重复之前步骤，再做三个加金珠的桃花结，五色线做包芯线金刚结隔开，再做暗红色的单向平结，直到接近手腕长度。

22.剪去多余的五色线，用打火机烧熔线头粘紧。暗红线编一个八耳团锦结，先不拉紧。

23.金线穿过一个2mm小金珠，并从八耳团锦结的中间穿过。

24.调整八耳团锦结，把小金珠藏在中心。

25.暗红线包裹金线，做三个包芯线金刚结。

26.余下编线穿过S扣的金属圈，在约1cm处翻折回来。两根暗红编线包裹其他所有线，做包芯线金刚结。

27.金刚结编至与纽扣结紧密连接时，拉紧。

28.把多余的线剪掉，用打火机烧熔线头粘紧。

29.手绳"时光"完成。

❓小贴士

1. 所有的珠子最好都先测试一下孔洞是否能穿过编线。

2. 夹在桃花结和团锦结中间的珠子最好选择圆形的，不宜用其他形状的珠子代替。

/ 第六章 /

个性现代
手　　绳

花屿

在蓝色的大洋里，寻一个小岛，
种满你爱的花，便是我们的天堂

材料：A号玉线灰蓝色17cm三十
根，A号玉线米黄色30cm六根，
72号玉线虾肉色30cm八根，72号
玉线橙色30cm十根，71号玉线灰
蓝色50cm两根，8mm银色磁力扣
一对

尺寸：手绳粗约4cm，样品适合
15cm手腕

难度系数：★★☆☆☆

制作时间：2小时

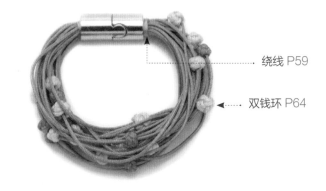

绕线 P59

双钱环 P64

01.取一根米黄线，编一个双钱环。

02.用牙签穿过双钱环，并调整成球形。

03.剪掉多余的线，并用打火机烧熔线头粘紧。重复之前步骤，把米黄线、虾肉色线和橙线都做成球状的双钱环，中间留牙签大小的洞。

04.把三十根灰蓝线一端整理好，用71号线包裹着做一小段绕线，把三十根线扎紧。

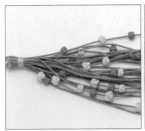

05.剪掉多余的71号线，并用打火机烧熔线头粘紧。然后随意选取灰蓝线，穿过预先做好的双钱环，每根线上穿两三个就可以了。

06.整理好灰蓝线的另一端，再用71号线包裹着做一小段绕线，把三十根线扎紧。

07.剪掉多余的线，并用打火机烧熔线头粘紧。

08.用胶水把手绳末尾粘紧在磁力扣里面。

09.手绳"花屿"完成。

？小贴士

1. 双钱环的数量可以根据具体情况增减。双钱环之间还可以穿小珠子点缀。

2. 穿双钱环的线可以换用蜡线或其他较硬材质的线材。

日冕

最明艳的红玫瑰，
也比不过你笑颜里的光芒

材料：72号玉线大红色4m六根，
3mm小金珠十二个，8mm石榴石
珠一个

尺寸：手绳粗约25mm，样品适合
15cm手腕

难度系数：★★☆☆☆

制作时间：3小时

斜卷结（右向）P58

斜卷结（左向）P57

雀头结 P54

01.取一根线对折，包裹另外两根线的中间做一个雀头结。

02.上方两根线分别往两边包裹两根芯线做雀头结，一共做十一个雀头结。

03.另取一根线做芯线，把雀头结段弯折，最左边的一根线包裹新的芯线做一个右斜卷结。

04.其余的五根线依次在新的芯线上做右斜卷结拉紧成一排，把雀头结段固定成扣圈。

05.剩下的两根线，分别在雀头结圈两边，做右斜卷结固定在芯线上。

06.最靠外侧的两个斜卷结，上方编线分别往下方弯折，在芯线上做右斜卷结。

07.收紧所有斜卷结，此时竖向有十根编线。

08.左端芯线向右弯折，从竖向第一根编线开始，做右斜卷结。

09.竖向十根编线和芯线右端都在芯线上做右斜卷结，紧密排列。

10.最左边的竖向编线向右弯折作为第二排右斜卷结的芯线，竖向左二编线开始编右斜卷结。

11.第二排同样做十一个紧密排列的右斜卷结。

12.重复之前步骤，做到第六排右斜卷结时，芯线右端穿入一个小金珠。

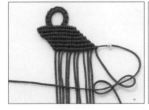   

13.芯线右端往左弯折继续作为芯线，最靠右的竖向编线在芯线上编一个左斜卷结。

14.竖向编线从右到左依次在芯线上编左斜卷结，十一个斜卷结紧密排列成一排。

15.最右边的竖向编线向左弯折，作为第二排左斜卷结的芯线，从最靠右的竖向编线开始做左斜卷结。

16.竖向编线从右到左依次在芯线上编好第二排左斜卷结。

 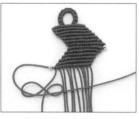  

17.重复之前步骤，做到第六排左斜卷结时，芯线左端穿入一个小金珠。

18.芯线左端往右弯折继续作为芯线，重复步骤08，重新开始做右斜卷结。

19.重复之前步骤，每做六排右斜卷结，芯线穿珠后换方向，再做六排左斜卷结，芯线穿珠再换方向，一直做到手绳接近手腕长度。

20.手绳的末尾，只留中间一根编线穿过石榴石珠子，剪去其他的编线，并用打火机烧熔线头粘紧。

21.穿过石榴石珠子的线打结固定，再剪掉多余的线，并用打火机烧熔线头粘紧。

22.手绳"日冕"完成。

？小贴士

1. 在步骤 08 开始前，注意检查每根编线长短是否差不多，芯线左右也需要对称，需要及时调整好。因为这款手绳耗线很多，如果一开始编线长度不均匀，后面可能出现某一根编线不够长而导致无法编下去。

2. 不建议用粗线编这款手绳。

夜城

万户灯明灭，都市夜归人

材料：72号玉线深啡色十二根，每根1m。2.2cm缎带夹一对，金属圈若干，龙虾钩一个。3mm彩色玻璃珠子若干

尺寸：手绳粗约5mm，样品适合15cm手腕

难度系数：★★☆☆☆

制作时间：1.5小时

平结（双向）P35

01.12根线排列整齐，用双面胶贴住一端。

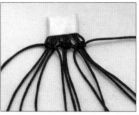

02.12根线分成三组，每四根线做一个双向平结。三个平结并排整齐。

03.12根线，左端两根不编结，右端两根也不编结，中间的8根线，分成两组，每4根线做一个双向平结。两个平结并排整齐。

04.取第三排平结的芯线上端，穿三个珠子，然后重复步骤02，编三个并排的平结。

05.相似地，取第四排平结的芯线上端，穿两个珠子，然后重复步骤03，编两个并排的平结。

06.把开头的双面胶剪掉一些弄整齐，用尖嘴钳夹上缎带夹，固定所有的线。最好夹在第一排平结上面。

07.重复之前步骤，穿进各种颜色的珠子，到合适的长度。

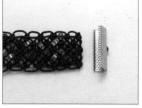

08.编两排不穿珠子的平结。剪掉所有的线，用打火机烧一下粘好。

09.用尖嘴钳加上缎带夹。

10.加上金属圈和龙虾钩。

11.手绳"夜城"完成。

❓ 小贴士

1. 每个平结都需要尽量拉紧以防变形，但平结与平结之间，需要预留均匀的间隙，才能编出整齐的花纹。

2. 可以根据需要的手绳宽度适当增减编线，但注意编线的数量须为 4 的倍数。

素纹

风行水上，自然成纹

材料：A号玉线米黄色2m，A号
玉线抹茶绿色2m，1mm韩国蜡线
米白色2m，6股银线15cm四根、
25cm四根，1cm银色马夹扣一对，
龙虾钩金属圈一套，延长链一条

尺寸：手绳粗约18mm，样品适合
15cm手腕

难度系数：★★★☆☆

制作时间：2小时

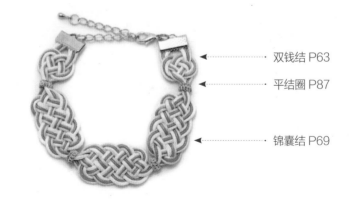

双钱结 P63

平结圈 P87

锦囊结 P69

01.米白蜡线编一个锦囊结。

02.绿线沿着蜡线走向再编一圈锦囊结。

03.米黄线再沿着绿线走向编一圈锦囊结。

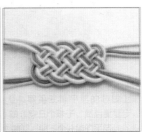

04.调整锦囊结到编线的中间，并调得紧密一些，锦囊结上端线圈对折剪开，形成新的编线。

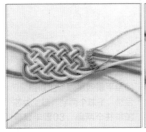

05.用6股银线编一个平结圈，套在右边的六根编线上。

06.收紧平结圈，固定右端六根编线，剪去多余的银线，并用打火机烧熔线头粘紧。

07.锦囊结的左端编线同样用一个银色平结圈固定。

08.把手绳竖向摆放，六根编线分成两组，每组线是三根不同颜色的编线。两组线一起编一个锦囊结。

09.把锦囊结调整紧密。

10.重复步骤05，用银线编一个平结圈固定编线。

11.另一端的编线重复步骤08到10，剪去多余的银线，并用打火机烧熔线头粘紧。

12.再次把手绳竖向摆放，六根编线分成两组，每组线是三根不同颜色的编线。两组线一起编一个双钱结。

13.把双钱结调整紧密。

14.剪去双钱结多余的编线，线头用双面胶贴一下固定。

15.马夹扣包着所有线头，用尖嘴钳夹紧固定。

16.手绳的另外一端，重复步骤12到15，并加上龙虾钩。

17.手绳"素纹"完成。

？ 小贴士

1. 开头也可用三根线一起编锦囊结，然后再调整。

2. 每个绳结都尽量调紧一些，平结圈也要注意箍紧编线，防止绳结变形。

3. 这款手绳因为图案性强，需要用稍硬的线编织，因此加入了蜡线。如果全部用玉线编织，成品容易变形，股线更软，不适合编此类手绳。

长河落日

长河落日，浮光跃金

材料：1mm韩国蜡线米白色1m
两根，A号玉线土黄色1m两根，
8mm金色磁力扣一对

尺寸：手绳粗约8mm，样品适合
15cm手腕

难度系数：★★☆☆☆

制作时间：2小时

复线玉米结 P49

01.两根土黄线摆成"十"字形，横向的线放在竖向的线上方。

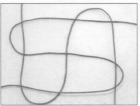

02.十字上方的线向右下弯折，其余的线依次弯折，穿成一个顺时针的十字吉祥结。

03.拉紧土黄线的十字吉祥结。

04.取两根米白色蜡线，重复步骤01到03，并把白色十字吉祥结放在土黄色的十字吉祥结上方，八根编线构成一个"米"字形。

05.土黄线重复步骤02，压着米白线做一个顺时针的十字吉祥结。

06.拉紧土黄线的十字吉祥结。

07.米白线重复步骤02，压着土黄线做一个顺时针的十字吉祥结。

08.两种颜色的线交错编，做顺时针的复线玉米结。

09.手绳开头处加上磁力扣，顺时针的复线玉米结做约5cm长。

10.十字上方的米白线向左下弯折，其余的线依次弯折，穿成一个逆时针的十字吉祥结。

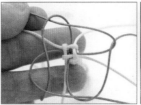

11.拉紧米白线的十字吉祥结，然后土黄线重复步骤10，压着米白线再做一个逆时针的十字吉祥结。

12.拉紧土黄线，现在复线玉米结的旋转方向开始改变了。

13.重复步骤10到12，就可以看到复线玉米结的花纹与之前的方向相反。

14.逆时针的复线玉米结也是编约5cm长。

15.十字上方的米白线向右下弯折，其余的线依次弯折，穿成一个顺时针的十字吉祥结。

16.拉紧米白线的十字吉祥结，然后土黄线重复步骤15，压着米白线再做一个顺时针的十字吉祥结。

217

17.拉紧土黄线，现在复线玉米结的旋转方向再次改变了。

18.重复步骤15到17，就可以看到复线玉米结的花纹方向变成开始的样子。

19.顺时针的复线玉米结一直编到手绳接近手腕长度。

20.剪掉多余的线，并用打火机烧熔线头粘紧。

21.用胶水把手绳末尾固定在磁力扣里面。

22.手绳"长河落日"完成。

❓ 小贴士

1.计算手绳长度时，注意要预留塞进磁力扣的长度。

2.复线玉米结每一次转换方向时，注意同一节绳子里的十字吉祥结编织方向要保持一致。

极光

无边黑夜里，
藏着的时光变幻，
酿成黎明即将来临的亮光

材料：12股线黑色2.5m，12股五彩金线2.5m，银S扣一套

尺寸：手绳粗约4mm，样品适合15cm手腕

难度系数：★ ★ ☆ ☆ ☆

制作时间：2小时

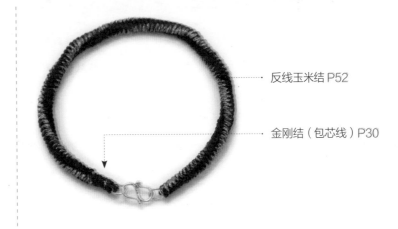

· 反线玉米结 P52

· 金刚结（包芯线）P30

01.两根线都穿过S扣的圈取中点，摆成十字交叉形，彩线竖向放在横向的黑线上。

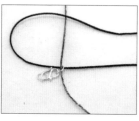

02.以银圈扣住的交叉点为中心，左段黑线往右弯折，放在上段彩线上。

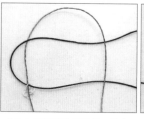

03.上段彩线往下弯折，放在黑线上。

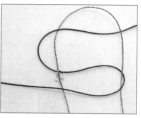

04.右段黑线往左弯折，放在下段彩线上。

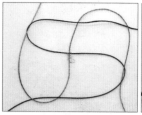

05.下段彩线往上弯折，从左段黑线弯成的线圈里穿出。现在四根线互相穿插成"井"字形。

06.拉紧四个方向的线，形成一个颜色交错的小方块了。

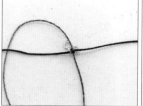

07.彩线保持竖向，上段彩线往左下弯折，放在黑线下方。

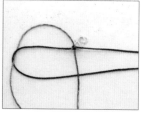

08.左段黑线向右弯折，放在下段彩线下方。

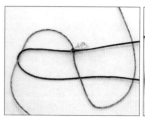

09.下段彩线往上弯折，放在两根黑线的下方。

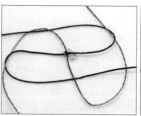

10.右段黑线向左弯折，从上段彩线弯成的线圈里穿出。

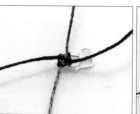

11.拉紧四个方向的线，紧贴着之前编的小方块的外侧。

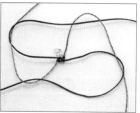

12.重复步骤02到05，注意此时上段彩线向右下弯折并放在黑线上方。

13.拉紧形成第二层的小方块。

14.重复步骤07到10，注意此时上段彩线向左下弯折并放在黑线下方。

15.拉紧后，注意调整，除了要紧贴着之前编的小方块的外侧，还要注意对齐第一层的颜色方向。

16.重复编几层，结体呈现方柱形状，每一面都有交错的两种颜色。

17.重复之前步骤，编至接近手腕长度。

18.四根余线穿过银色金属圈。

19.翻折后用黑线包裹所有线编包芯线金刚结。

20.中途换彩线编两个包芯线金刚结，增加摩擦力。

21.再换回黑线编包芯线金刚结。

22.金刚结和反线玉米结紧密连接时，拉紧编线。

23.剪掉多余的线，用打火机烤线头收尾。

24.把编好的手绳稍微扭一下，呈现旋转花纹。手绳"极光"完成。

小贴士

1. 如果对反线玉米结不熟悉，可以换用较粗的线编。

2. 注意彩金股线一定要小心烤，否则线容易烧起来。

海月

云遮一弯秋夜月，
水映几点晚天星

材料：72号玉线宝蓝色2m，9股银线2m，0.5mm金色弹力线0.6m，3mm小金珠两个，银弯管一个

尺寸：手绳粗约5mm，样品适合15cm手腕

难度系数：★★☆☆☆

制作时间：2小时

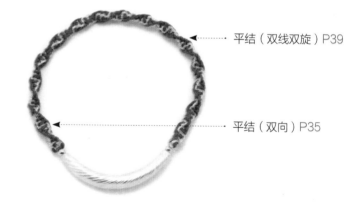

平结（双线双旋）P39

平结（双向）P35

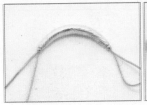

01,弹力线对折，如图依次穿过小金珠、银弯管、小金珠。

02,弹力线末尾穿过开始对折的线圈，打一个松松的结，然后收紧弹力线圈。

03,银线取中间开始，包裹两根弹力线做平结。

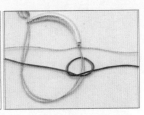

04,拉紧银线，蓝线以同样的方式包裹弹力线做平结。

05,两根线都通过平结固定在弹力线上，银线往下，蓝线往上，左边银线放在蓝线下，右边银线放在蓝线上。

06,左边银线往右弯折，放在弹力线下、右边银线上；右边银线往左穿出银线圈。

07,拉紧银线，换蓝线做平结，注意左边蓝线放银线上方，右边蓝线放银线下方。

08,左边蓝线往右弯折，放在弹力线上、右边蓝线下；右边蓝线往左弯折，从弹力线下方穿过，并穿出蓝线圈。

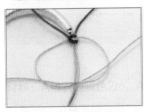

09,拉紧蓝线，再换银线做平结，重复步骤06。

10,蓝线和银线分别做几次方向不同的平结后，平结呈现扭转形状。

11,把绳结往左扭转90度，会发现编线又重新回到同一个平面。注意继续保持左边蓝线放银线上方，右边蓝线放银线下方。重复步骤08继续用蓝线做平结。

12,换用银线做编线，重复步骤06，做方向相反的平结。

13,重复之前步骤，蓝线和银线交替编方向相反的平结，结体呈现双色双向螺旋形状。

14,蓝线和银线一直包裹两根弹力线做双线双旋平结，直到手绳长度接近手腕尺寸。

15,穿过金线圈的弹力线收紧，余下约1cm长，然后翻折，包裹自身做双向平结。

16,弹力线继续包裹自身做双向平结第二步。

223

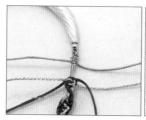   

17.弹力线包裹自身编两个双向平结，注意每一个结都要拉紧。

18.银线包裹余下的四根弹力线继续编平结。

19.蓝线和银线包裹四根弹力线，编双线双旋平结，注意拉紧一些，把弹力线藏在结体中间。

20.蓝线和银线包裹弹力线编好的双向平结部分，编双线双旋平结，注意拉紧一些，尽量把金色部分都藏起来。

21.剪掉多余的线，并用打火机烧熔线头粘紧。手绳"海月"完成。

❓ 小贴士

1. 在此款手绳中，蓝线和银线分别做三次方向相反的平结，双线双旋平结就会旋转90度，四根编线又回到同一个平面。但如果芯线或编线粗细有变化，每次结体旋转90度时需要编的平结数目可能和示例中不一致。

2. 银弯管两端的小金珠，刚好能卡住两根金色弹力线，它们的作用相当于定位珠，把一段有弹力的线藏在银弯管内。佩戴手绳时，只需要拉动弯管内那一段弹力线。假如没有定位珠，在拉扯弹力线的时候有可能会把藏在平结内的弹力线也拉出来，这段弹力线拉出来就没法再收缩进平结里面了，可能会造成手绳尺寸变大，形状也不美观了。

3. 包裹弹力线做双线双旋平结时，注意适度拉紧一些，避免弹力线受到拉扯容易松脱。

4. 如果没有定位珠和弹力线，可以改用扣子。

暗涌

一种相思，两处闲愁
此情无计可消除，才下眉头，却上心头

材料：A号玉线黑色2m，A号玉线白色2m，A号玉线灰色2m，12股银线2.5m两根

尺寸：手绳粗约7mm，样品适合15cm手腕

难度系数：★★★☆☆

制作时间：3小时

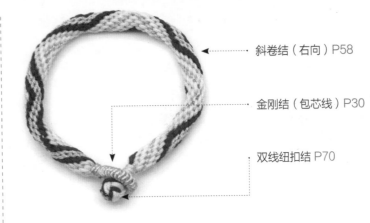

斜卷结（右向）P58

金刚结（包芯线）P30

双线纽扣结 P70

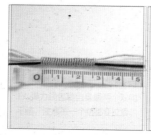
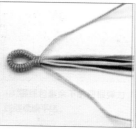
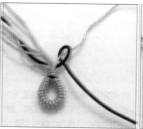
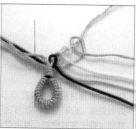

01.从线的中间开始,两根银线包裹其他线,做约2.5cm长的包芯线金刚结。

02.把银色金刚结段弯折成圈,取两根银线,包裹所有线做三个包芯线金刚结,固定好扣圈。

03.取一根较长的银线作为芯线,一根黑线绕银色芯线做半个右斜卷结。

04.在银色芯线上,依次用灰色、白色、银色三根线,绕半个右斜卷结。

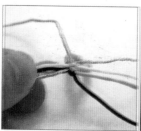
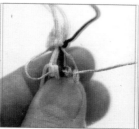
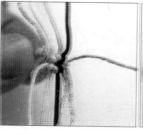

05.拉紧后的样子。

06.继续在银色芯线上,依次用白色、灰色、黑色和两根银线,绕半个右斜卷结。

07.拉紧所有线,银色芯线绕了一个圈,其他线都在芯线上做了半个右斜卷结。

08.重复之前步骤,银色芯线绕九次,做九圈结。

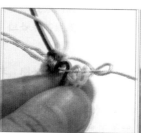
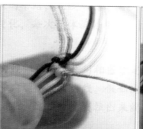

09.继续用银线做芯线,从黑线开始,注意改变绕圈的方向。

10.灰色、白色、银色三根线,按照黑线绕圈的方向,依次在银色芯线上。

11.拉紧后的样子。

12.继续按照黑线绕圈的方向,依次用白色、灰色、黑色和两根银线,在银色芯线上绕圈。

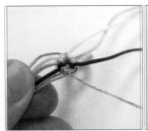

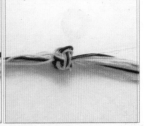

13.拉紧所有线，银色芯线又绕了一个圈。

14.重复之前绕线方向，银色芯线绕九次，也做九圈结。然后再改变绕线方向，重复步骤03到07，做九圈结。每做一个九圈结就改变一次编线绕圈方向，直到手绳接近手腕长度。

15.用两根灰色线，包裹其余的线，做三个包芯线金刚结，固定绳尾。

16.黑白灰三根线为一组，两组线做一个双线纽扣结，银线从纽扣结中间穿过去。

17.调整纽扣结的形状和位置，拉紧。

18.剪掉多余的线，并用打火机烧熔线头粘紧。

19.手绳"暗涌"完成。

❓ 小贴士

1. 银色芯线最好在线尾打一个结作为标记，免得和编线混淆。

2. 注意每次绕圈收紧编线时，力度要均匀。

3. 也可以不改变编线绕圈方向一直编，就会形成同一个方向的旋转花纹。

翡冷翠

翡冷翠之夜，是迷离的灯光，
是远方的钟声，是飘雪的味道

材料：71号玉线棕色2m，A号玉线
棕色2.5m一根、1m一根，4mm绿
松石珠子20个，2mm小金珠21个

尺寸：手绳粗约15mm，样品适合
15cm手腕

难度系数：★ ★ ☆ ☆ ☆

制作时间：3小时

金刚结（包芯线）P30

双线纽扣结 P70

雀头结 P54

01.取较长的棕色A线，包裹其余两根线，从中间开始往两边做八个雀头结。

02.把雀头结弯折成圈，较长的棕色A线包裹其余的线，做三个包芯线金刚结固定扣圈。

03.把扣圈竖直过来，较长的A线包裹较短的A线，左右两边分别做一个雀头结。

04.两根71号玉线相对穿过一个小金珠。

05.把小金珠移动到手绳顶部，然后两根71号玉线分别包裹较短的A线，两边各做一个雀头结。注意这两个雀头结的方向和之前A线做的雀头结相反。

06.拉紧71号玉线的雀头结后，继续以较短的A线为芯线，较长的A线左右两边分别做一个雀头结。

07.拉紧A线的两个雀头结，注意在71号玉线的雀头结上方留一点空隙，然后两根71号线相对穿过一个绿松石珠子。

08.绿松石珠子移动到顶部，然后两根71号玉线分别包裹较短的A线，两边各做一个雀头结。

09.拉紧71号玉线的雀头结后，继续以较短的A线为芯线，较长的A线左右两边分别做一个雀头结。

10.拉紧A线的两个雀头结，重复步骤04和05。

11.重复步骤06到08。

12.重复之前步骤，A线和71号玉线轮流在芯线上做方向相反的雀头结，71号玉线在两根芯线之间交替穿小金珠和绿松石珠子，直到手绳接近手腕长度。

13.外侧的A线包裹其余所有线，做三个包芯线金刚结固定绳尾。

14.每两根A线成一组，两组线一起编一个双线纽扣结，两根71号玉线从纽扣结中心穿过。

15.调整纽扣结位置和形状，纽扣结和金刚结之间预留约3mm。

16.剪掉多余的线，并用打火机烧熔线头粘紧。

17.手绳"翡冷翠"完成。

 小贴士

1.手绳的结尾处也可以用珠子代替纽扣结。

2.A号玉线编的雀头结之间留有空隙，使整根手绳有了蕾丝般的感觉，编织时需要注意这些空隙大小要均匀一致。

平安夜

温暖的沙发，蛋糕的香气，
无法抗拒的幸福感

材料：A号玉线大红色1.5m，A号
玉线青绿色1.5m，A号玉线白色
1.5m，12股金线1.5m，A号玉线
棕色2.5m

尺寸：手绳粗约6mm，中间柱形
装饰粗约10mm，样品适合15cm
手腕

难度系数：★★★☆☆

制作时间：3小时

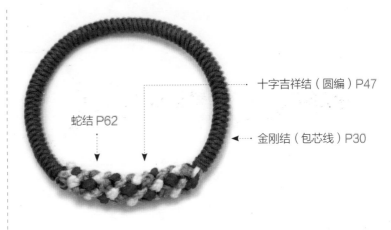

蛇结 P62

十字吉祥结（圆编）P47

金刚结（包芯线）P30

01.红线、绿线、白线、金线对折，如图套成一个"井"字形。

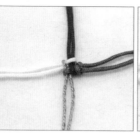

02.拉紧四线，每种颜色两根线为一组，两根绿线编一个蛇结，紧靠中心的"井"字形。

03.其余三组线都编一个蛇结，紧靠中心的"井"字形。

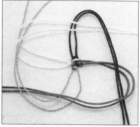

04.上方红色组线往右下弯折，其余颜色线按照十字吉祥结圆编的方法，依次穿压。

05.拉紧第一层十字吉祥结，此时蛇结在十字吉祥结外围一圈。

06.每一组线继续分别做蛇结，紧靠中心的"井"字形。

07.上方金色组线往右下弯折，其余颜色线按照十字吉祥结圆编的方法，依次穿压。

08.拉紧第二层十字吉祥结，此时蛇结在十字吉祥结外围一圈。

09.重复之前步骤数次，即可做出颜色交错的蛇结柱。

10.注意不要拉长蛇结柱，在蛇结柱做到约6cm长时，取棕线对折包裹其他所有线，做包芯线金刚结。

11.整根手绳长度比手腕长度约多1cm时，拉紧包芯线金刚结。

12.余下的线中，取一根红线穿过开头"井"字形的红线圈。

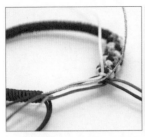   

13. 如步骤12，各取一根白线、绿线和金线穿过"井"字形对应颜色的线圈。

14. 拉紧之后，两根红线编一个蛇结。

15. 除了棕线之外，两根同颜色的线一起编一个蛇结，注意一定要拉紧。

16. 剪掉多余的线，并用打火机烧熔线头粘紧。

17. 手绳"平安夜"完成。

？ 小贴士

1. 利用十字吉祥结的弹性，将此款手绳做成了无扣形式。佩戴时，蛇结柱部分会拉长，套到手腕时，可以把蛇结柱往中间推紧，缩短手绳。如果手腕较粗，蛇结柱部分注意要编长一些，才能有足够的伸缩量。

2. 蛇结柱也可以一直编成一个环状，手绳弹性会更大，但耗线会更多。

图书在版编目（CIP）数据

一学就会的时尚编绳技法. 2 / 庞昭华著.—哈尔
滨：哈尔滨出版社，2020.10
ISBN 978-7-5484-5508-0

Ⅰ.①一… Ⅱ.①庞… Ⅲ.①绳结–手工艺品–制作
Ⅳ.①TS935.5

中国版本图书馆CIP数据核字（2020）第162139号

书　　名：一学就会的时尚编绳技法. 2
YI XUE JIU HUI DE SHISHANG BIAN SHENG JIFA. 2

作　　者：庞昭华　著
责任编辑：尉晓敏　孙　迪
责任审校：李　战
封面设计：仙境设计

出版发行：哈尔滨出版社（Harbin Publishing House）
社　　址：哈尔滨市松北区世坤路738号9号楼　　邮编：150028
经　　销：全国新华书店
印　　刷：天津丰富彩艺印刷有限公司
网　　址：www.hrbcbs.com　　www.mifengniao.com
E-mail：hrbcbs@yeah.net
编辑版权热线：（0451）87900271　87900272
销售热线：（0451）87900202　87900203

开　　本：880mm×1230mm　　1/24　　印张：10　　字数：217千字
版　　次：2020年10月第1版
印　　次：2020年10月第1次印刷
书　　号：ISBN 978-7-5484-5508-0
定　　价：49.80元

凡购本社图书发现印装错误，请与本社印制部联系调换。
服务热线：（0451）87900278